机械常识与钳工实训

杨广宇　王卉卿　主　编
黄　巨　陈天鹏　朱　莉　副主编
王国玉　主　审

Publishing House of Electronics Industry
北京·BEIJING

内 容 简 介

本书根据职业院校《机械常识与钳工实训教学大纲》的要求,综合机械常识、钳工技术基础理论和实操技能两方面的内容,从实际岗位需要出发,以项目引领、任务驱动的方式编写而成。本书的创作理念以基本功为基调,即强调基本技能的训练和基本知识的理解。结合生产实际和国家职业标准,本书分为 13 个项目,包括金属材料与热处理加工、机械加工图纸的识读、机械零部件加工尺寸的认知、测量量具的认知与使用、划线加工、锯削加工、錾削加工、锉削加工、孔加工、螺纹加工、刮削与研磨加工、滚动轴承的装配与拆卸,以及连接件的装配与拆卸。

本书可作为职业院校机械类各专业的教学用书,也可供非机类专业学生阅读,还可作为机械产品生产经营者的培训用书及机械类工程人员和技术工人的参考用书。

图书在版编目(CIP)数据

机械常识与钳工实训 / 杨广宇,王卉卿主编.

北京 : 电子工业出版社,2024. 12. -- ISBN 978-7-121-49238-9

Ⅰ. TH11;TG9

中国国家版本馆 CIP 数据核字第 20247QD656 号

责任编辑:蒲　玥

印　　刷:三河市君旺印务有限公司

装　　订:三河市君旺印务有限公司

出版发行:电子工业出版社

　　　　　北京市海淀区万寿路 173 信箱　　　邮编:100036

开　　本:880×1230　1/16　印张:13.75　字数:317 千字

版　　次:2024 年 12 月第 1 版

印　　次:2024 年 12 月第 1 次印刷

定　　价:42.00 元

前　言

机械常识和钳工技术是每一位从事机械制造的人都要学习和掌握的内容。当前我国职业教育改革应坚持以人为本、能力为重、质量为要、守正创新，教师由"教"转向"导"，加强对学生创新精神和实践能力的培养，打造专业技能过硬、实践能力强、综合素质高、"零距离"上岗的优秀职业技术人才。本书根据职业院校《机械常识与钳工实训教学大纲》的要求，以"学习基本知识、培养基本技能、训练基本功"为原则，采用项目教学的编写模式。其特点是图文并茂、避免复杂的计算、降低学习难度。在编写过程中，编者注意到全国职业教育发展的不平衡性，在技能训练的选择上，尽最大努力兼顾各个层面，所以技能训练的题目少则一个，多则三个，以备各校选用。

本书由河南信息工程学校杨广宇和武汉市第一商业学校王卉卿担任主编，由武汉市第一商业学校黄巨、陈天鹏及新乡市职业教育中心朱莉担任副主编。本书分为 13 个项目，其中，项目一、项目二、项目三由王卉卿编写；项目四、项目五、项目十由朱莉编写；项目六、项目七、项目八由黄巨编写；项目九、项目十一、项目十二由陈天鹏编写；项目十三由杨广宇编写。全书由河南信息工程学校高级工程师王国玉负责统稿并担任主审。

教学建议学时表如下，在实施教学过程中，任课教师可根据各校的具体情况适当调整。

教学建议学时表

序号	项目	学时
项目一	金属材料与热处理加工	4
项目二	机械加工图纸的识读	4
项目三	机械零部件加工尺寸的认知	4
项目四	测量量具的认知与使用	4
项目五	划线加工	6
项目六	锯削加工	4
项目七	錾削加工	6
项目八	锉削加工	6
项目九	孔加工	6
项目十	螺纹加工	4
项目十一	刮削与研磨加工	12
项目十二	滚动轴承的装配与拆卸	12
项目十三	连接件的装配与拆卸	12
总学时数		84

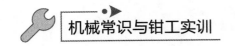

　　为了方便教师教学，本书还配有教学辅助微视频及教学参考资料包，教学辅助微视频可通过扫描书中二维码查阅学习，教学参考资料包可在华信教育资源网免费注册后下载。

　　本书在编写过程中吸取了国内一些专家、学者的研究成果，在此一并表示感谢！

　　由于编者水平有限，书中难免存在不足和疏漏之处，敬请广大读者批评指正。

编　者

目　　录

项目一 金属材料与热处理加工

教学辅助微视频

项目情境创设

建造鸟巢的材料和我们盖房子的材料一样吗？它们都有什么特性？还能够用于制造其他产品吗？

项目学习目标

	学习目标	学习方式	学时
技能目标	① 掌握常用金属材料的简易鉴别方法； ② 通过对常用金属材料特性的学习，掌握金属材料的工艺性能，并灵活运用； ③ 能运用热处理知识对金属材料进行简单的热处理（如錾子的热处理）	参观（电教）或实训操作	1
知识目标	① 掌握金属材料的基本分类； ② 掌握金属材料的机械性能和工艺性能； ③ 掌握常用工业钢的牌号及其用途； ④ 理解和掌握热处理的方法	理论讲授	3
素养目标	① 通过网络查询不同金属材料的特性和加工方法，激发对金属材料的兴趣； ② 通过小组讨论，提高获取信息的能力； ③ 通过相互协作，树立团队合作意识	网络查询、小组讨论、相互协作	课余时间

学习机械类专业，从手中的工具到加工的零件，每天都要与各种各样的金属材料打交道。为了能够正确地认识和使用金属材料，合理地确定不同金属材料的加工方法，充分发挥金属材料的作用，必须熟悉金属材料的牌号，了解它们的性能和变化规律。

一、项目基本技能

任务 常用金属材料的简易鉴别方法

在某些特定的现场环境中，我们需要运用所学知识对常用的金属材料进行快速的鉴别。通常情况下，我们可根据生产过程中形成的火花、颜色、断口和声音对金属材料进行简易的鉴别。常用金属材料的简易鉴别方法有火花鉴别和断口鉴别。

1. 火花鉴别

（1）火花鉴别的原理。

火花鉴别是根据试样在砂轮上磨削时发射出的火花来鉴别钢种的方法。这种方法快速、简便，在冶金和机械制造工厂的车间现场广泛用于鉴别钢种和废钢分类，并用于鉴定经过热处理后的钢表面的含碳量。在没有其他分析手段的情况下，其还用于大致估量钢的成分。

（2）火束的组成。

钢在砂轮上磨削时产生的火星叫作火花，全部火花叫作火束。整个火束分为根花、间花和尾花，如图 1-1 所示。

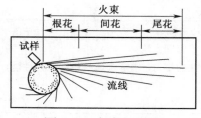

图 1-1 火束示意图

火束尾部的火花称为尾花，根据尾花形状可以判断钢中合金元素的种类。常见的尾花有枪尖尾花、直羽尾花、狐尾花和钩状尾花。例如，直羽尾花是钢中硅元素的特征；枪尖尾花是钢中钼元素的特征；狐尾花是钢中钨元素的特征，在高速钢中常出现狐尾花。

火束中明亮的线条称为流线，流线中途爆裂的地方称为节点，由节点发射出来的细流线称为芒线。在流线上,由节点、芒线组成的火花称为爆花。钢在砂轮上磨削时最先出现的火花叫作一次花。随着含碳量的增加,一次花可在芒线上继续爆裂产生二次花、三次花及多次花。分散在爆花之间的点状火花称为花粉。火束的结构如图 1-2 所示。

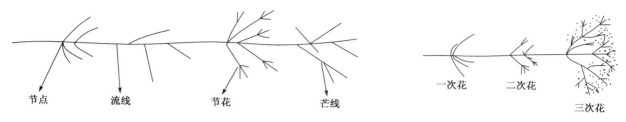

图 1-2　火束的结构

（3）火花鉴别的设备和操作方法。

火花鉴别的主要设备是砂轮机。砂轮机的转速一般为 3000r/min,所用砂轮是 36～60 号棕刚玉砂轮,砂轮的规格以 ϕ150mm×25mm 为宜。进行火花鉴别时,操作者应配戴无色眼镜,场地光线不宜太亮,以免影响火花的色泽及清晰程度。操作过程中应仔细观察,从火花的颜色、形状、长短和尾花的特征等多方面进行判断。一般来说,钢中的含碳量越多,火花越多,火束也越短。锰、铬、钒促进火花的爆裂,钨、硅、镍、钼和铝抑制火花的爆裂。

常用金属材料的火花特征如表 1-1 所示。

表 1-1　常用金属材料的火花特征

类型	图示	说明
低碳钢 (以 20 钢为例)		整个火束较长,颜色为橙黄带红,芒线稍粗,发光适中,流线稍多,多根分叉爆裂,呈一次花
中碳钢 (以 45 钢为例)		整个火束稍短,颜色为橙黄色,发光明亮,流线多且稍细,以多根分叉二次花为主,也有三次花,花量占整个火束的 3/5 以上,火花盛开
高碳钢 (以 T10 钢为例)		火束较中碳钢短且粗,颜色为橙红色,根部色泽暗淡,发光稍弱,流线多且细密,爆花为多根分叉三次花,小碎花和花粉多且密集,花量占整个火束的 5/6 以上。磨削时手感较硬
高速钢 (以 W18Cr4V 钢为例)		火束细长,颜色为暗红色,发光极暗。受大量钨元素的影响,几乎无火花爆裂,仅在尾部有分叉爆裂,花量极少,流线根部及中部呈断续状态,尾部膨胀并下垂成点状狐尾花。磨削时手感较硬

2. 断口鉴别

化学成分不同的钢,其断口的特征也不相同。通过肉眼观察钢的断口特征,可以对其进行鉴别，这种鉴别方法叫作断口鉴别。常用钢的断口特征如下。

① 低碳钢：由于低碳钢的含碳量低，塑性好，易敲弯但不易敲断，因此应先锯开切口后再进行敲击。低碳钢的断口呈现银白色，断口处能看到均匀的颗粒，断口边缘有明显的塑性变形。

② 中碳钢：它比低碳钢易断，断口呈现银白色，比较平整，颗粒较低碳钢细，断口边缘没有明显的塑性变形。

③ 高碳钢：其断口呈现银白色，平整，断口处没有塑性变形，晶粒很细。

④ 灰口铸铁：容易敲断，断口呈现暗灰色，晶粒粗大，组织比较疏松。

⑤ 铸铁：非常容易敲断，断口呈现亮白色，晶粒较细。

二、项目基本知识

知识点一　常用金属材料的特性

金属材料的性能决定着金属材料的适用范围。金属材料的性能主要分为 4 个方面：机械性能、化学性能、物理性能和工艺性能。下面介绍金属材料的机械性能和工艺性能。

1. 金属材料的机械性能

任何机械零件或工具在使用过程中都会受到各种形式的外力作用，如轴类零件要受到弯矩、扭力的作用等。这就要求金属材料在一定的外力（载荷）作用下，有抵抗变形和断裂的能力，这种能力称为金属材料的机械性能（也称为力学性能）。衡量金属材料机械性能的指标主要有强度、塑性、硬度、冲击韧性、疲劳强度。

（1）强度。

强度是指金属材料在载荷作用下抵抗破坏（过量塑性变形或断裂）的性能。由于载荷的作用方式有拉伸、压缩、弯曲、剪切等，所以强度相应分为抗拉强度、抗压强度、抗弯强度、抗剪强度等。通常情况下，衡量强度的指标分别是屈服强度和抗拉强度。屈服强度是指金属材料在一定的拉力作用下，材料开始发生宏观塑性变形时所需的应力。屈服强度分为上屈服强度和下屈服强度，下屈服强度的数值较稳定。在金属材料中，通常用下屈服强度代表其屈服强度，计算公式如下：

$$R_{el} = \frac{F_{el}}{S_o}$$

式中　R_{el}——下屈服强度（MPa）；

　　　F_{el}——屈服时的最小载荷（N）；

　　　S_o——试样原始横截面积（mm^2）。

抗拉强度是指金属材料在断裂前所能承受的最大应力，计算公式如下：

$$R_m = \frac{F_m}{S_o}$$

式中　R_m——抗拉强度（MPa）；

　　　F_m——试样在屈服阶段后所能抵抗的最大力（N）；

　　　S_o——试样原始横截面积（mm^2）。

（2）塑性。

金属材料受力后，在断裂之前产生塑性变形的能力称为塑性。衡量塑性的两个指标分别是断后伸长率 A 和断面收缩率 Z。断后伸长率 A 是指试样被拉断后，标距的伸长量与原始标距之比的百分率，计算公式如下。

$$A = \frac{L_u - L_o}{L_o} \times 100\%$$

式中　L_o——试样原始标距（mm）；

　　　L_u——试样被拉断后的标距（mm）。

断面收缩率 Z 是指试样被拉断后，缩颈处的面积变化量与原始横截面积之比的百分率，计算公式如下。

$$Z = \frac{S_o - S_u}{S_o} \times 100\%$$

式中　S_o——试样原始横截面积（mm^2）；

　　　S_u——试样被拉断后缩颈处的横截面积（mm^2）。

金属材料的断后伸长率和断面收缩率越高，塑性越好。塑性好的金属材料易于变形加工。

（3）硬度。

硬度是衡量金属材料软硬程度的指标。目前生产中常用的测定硬度的方法是压入硬度法，它是指将具有一定几何形状的压头在一定载荷作用下压入被测试金属材料的表面，根据压头的被压入程度来测定其硬度。常用的硬度有布氏硬度（HBW）、洛氏硬度（HRA、HRB、HRC）和维氏硬度（HV）等。

（4）冲击韧性。

冲击韧性表示金属材料在冲击载荷作用下抵抗变形和断裂的能力，用符号 α_K 表示。一般情况下，α_K 值大的金属材料称为脆性材料，α_K 值小的金属材料称为韧性材料。

（5）疲劳强度。

金属材料在无限多次交变载荷作用下不发生断裂的最大应力称为疲劳强度或疲劳极限。实际上，金属材料并不可能做无限多次交变载荷试验。一般试验时规定，钢经受 7～10 次、非铁（有色）金属材料经受 8～10 次交变载荷作用而不发生断裂时的最大应力称为疲劳强度。当施加的交变载荷是对称交变应力时，所得的疲劳强度用 σ_{-1} 表示。

许多机械零件，如轴、齿轮、轴承、叶片、弹簧等，在工作过程中各点的应力随时间周期性变化，这种随时间周期性变化的应力称为交变应力，也称为循环应力。在交变应力的作用下，虽然机械零件所承受的应力低于金属材料的屈服点，但经过较长时间的工作后可能会产生裂纹或突然完全断裂，这种现象称为金属的疲劳。

疲劳破坏是机械零件失效的主要原因之一。据统计，在失效的机械零件中，有80%以上属于疲劳破坏，并且发生疲劳破坏前没有明显的变形，所以疲劳破坏经常造成重大事故。轴、齿轮、轴承、叶片、弹簧等承受交变应力的零件要选用疲劳强度较好的金属材料来制造。

2．金属材料的工艺性能

金属材料的工艺性能是指金属材料对不同加工工艺的适应能力，包括铸造性能、锻压性能、焊接性能、切削加工性能和热处理性能等。工艺性能直接影响机械零件的制造工艺、质量及成本，是选材和制定机械零件工艺路线时必须考虑的重要因素。

（1）铸造性能。

铸造性能是指在金属材料的铸造成型过程中获得外形准确、内部健全的铸件的能力。铸造性能主要取决于金属材料的流动性（充满铸模的能力）、收缩性（铸件凝固时体积收缩的能力）和偏析倾向（化学成分不均性）。铸造过程如图1-3所示。

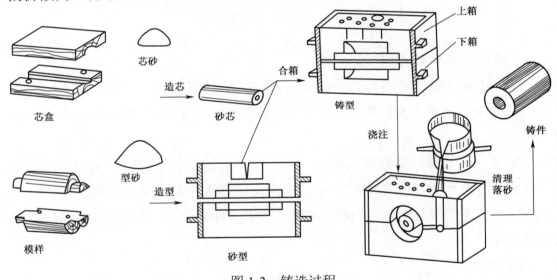

图 1-3　铸造过程

（2）锻压性能。

锻压性能是指用锻压成型方法对金属材料进行加工时获得优良锻件的难易程度，通常用塑性和变形抗力两个指标来综合衡量。塑性越好，变形抗力越小，则金属的锻压性能越好。

（3）焊接性能。

焊接性能是指金属材料对焊接加工的适应性，即在一定的焊接工艺条件下，获得优质焊接接头的难易程度。

（4）切削加工性能。

切削加工性能是指切削金属材料的难易程度。一般用切削金属材料时的切削速度、切削抗力大小、断屑能力、刀具的耐用度及加工后的表面粗糙度来衡量，金属材料的切削加工如图 1-4 所示。

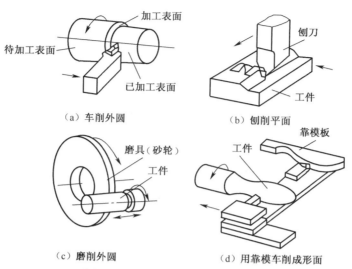

（a）车削外圆　　　　　　　　　　　（b）刨削平面

（c）磨削外圆　　　　　　　　　（d）用靠模车削成形面

图 1-4　金属材料的切削加工

（5）热处理性能。

热处理是改善金属材料切削加工性能的重要途径，也是改善金属材料机械性能的重要途径。热处理性能包括淬透性、淬硬性、过热敏感性、变形开裂倾向、回火脆性倾向、氧化脱碳倾向等，热处理过程如图 1-5 所示。

图 1-5　热处理过程

知识点二　工业常用金属材料及其用途

金属材料应用广泛，目前仍占据材料工业的主导地位，主要包括黑色金属的型钢、钢板及钢带、钢管、钢丝、钢丝绳，有色金属的棒材、线材、板材、带材及箔材、管材 10 大类。黑色金属主要包括生铁、铁合金、铸铁、钢等。钢和生铁都是以铁为基础，以碳为主要添加元素的合金，统称为铁碳合金。习惯上把含碳量大于 2.11% 的铁碳合金归类于铸铁，含碳量小于 2.11% 的铁碳合金归类于钢。含碳量为 2.12%～2.5% 的铸铁缺乏实用性，一般不进行工业生产。

1．常用的金属材料

金属材料是工业中应用广泛的材料，其中钢的用量最大。通常把以铁为主的合金及以铁碳为主的合金（铁碳合金）统称为黑色金属，把其他金属及其合金称为有色金属。常用的金属材料如表 1-2 所示。

表 1-2　常用的金属材料

黑色金属	钢	碳钢	普通碳素结构钢
			优质碳素结构钢
			碳素工具钢
			铸造碳钢
		合金钢	合金结构钢
			合金工具钢
			特殊性能钢
	铸铁		白口铸铁
			灰铸铁
			麻口铸铁
有色金属			铜及铜合金
			铝及铝合金
			钛及钛合金
硬质合金			

2．工业中常用金属材料的分类、牌号和用途

工业中常用的金属材料为碳钢、合金钢和铸铁。

（1）碳钢。

碳钢又称碳素钢，是最基本的铁碳合金，其含碳量为 0.0218%～2.11%。由于碳钢容易冶炼，价格便宜，具有较好的机械性能和优良的工艺性能，可满足一般机械零件、工具和日常轻工业产品的使用要求，因此碳钢在机械制造、建筑、交通运输等领域得到了广泛应用。按照用途不同，碳钢可分为普通碳素结构钢、优质碳素结构钢、碳素工具钢和铸造碳钢。

① 普通碳素结构钢。

普通碳素结构钢又称普通碳钢，其含碳量小于 0.38%，含碳量小于 0.25% 的普通碳素结构钢最为常用。其冶炼容易、工艺性能好、价格便宜、产量大，能满足一般工程构件及普通零件的要求。这类钢一般为低碳钢、中碳钢。普通碳素结构钢的牌号由以下 4 部分组成。

a．屈服点字母：Q（"屈"的汉语拼音首字母）。

b．屈服强度数值（单位为 MPa）。

c．质量等级符号：A、B、C、D。从 A 到 D，质量等级依次提高。

d．脱氧方法符号：F——沸腾钢；b——半镇静钢；Z——镇静钢；TZ——特殊镇静钢。在牌号中，Z 和 TZ 可以省略。

例如，Q235AF 的含义如下。

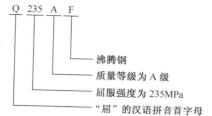

沸腾钢
质量等级为 A 级
屈服强度为 235MPa
"屈"的汉语拼音首字母

普通碳素结构钢的炼制过程比较简单，生产费用较低，价格便宜，广泛应用于工程建筑、车辆、船舶、一般的桥梁、容器等金属结构。Q235 是用途最广的普通碳素结构钢，属于低碳钢，其塑性、韧性优良，常用于制造建筑构件、钢筋、不重要的轴类零件、螺钉、螺母等。Q235C、Q235D 还可用于制造较重要的焊接结构件。

② 优质碳素结构钢。

优质碳素结构钢中的有害杂质及非金属夹杂物含量较少，化学成分控制得也较严格，塑性、韧性较好，通常用于制造较重要的机械零件。在优质碳素结构钢的牌号中，用两位数字表示平均含碳量的万分数，如 45 钢表示含碳量为 0.45%的优质碳素结构钢。对于沸腾钢，则在牌号尾部增加符号 F，如 10F、15F。

08、10、15、20、25 等牌号的钢属于低碳钢，其塑性好，易于拉拔、冲压、挤压、锻造和焊接。其中，20 钢的用途最广，常用于制造螺钉、螺母、垫圈、小轴、冲压件、焊接件，有时也用于制造渗碳件。30、35、40、45、50、55 等牌号的钢属于中碳钢，其强度和硬度较低碳钢有所提高，淬火后硬度可显著增加。其中，以 45 钢最为典型，它不仅强度、硬度较高，还具有较好的塑性和韧性，即综合性能优良，常用于制造轴、丝杠、齿轮、连杆、键、重要的螺钉和螺母。60、65、70、75 等牌号的钢属于高碳钢，它们经调质处理后，不仅强度、硬度有所提高，还具有良好的弹性，常用于制造小弹簧、发条、钢丝绳等。

③ 碳素工具钢。

碳素工具钢主要用于制造刀具、量具和模具，其具有较高的硬度和耐磨性，平均含碳量为 0.7%～1.3%，属于高碳钢。这类钢的质量较高，要求硫（S）、磷（P）等杂质的含量特别低，是经过精炼的优质钢。所有碳素工具钢都要经过热处理，才能进一步提高硬度和耐磨性。

碳素工具钢的牌号用在"碳"字汉语拼音首字母"T"的后面附加数字表示，数字表示平均含碳量的千分数。例如，T7 钢表示平均含碳量为 0.7%的碳素工具钢。若为高级优质碳素工具钢，则在其牌号后加符号 A。常用的碳素工具钢为 T8、T10、T10A 和 T12 等。其中，T8 钢在这几种碳素工具钢中的韧性最好，多用于制造承受冲击的工具，如錾子、锻工工具等；T10 钢、T10A 钢的硬度较高，并且仍有一定的韧性，常用于制造钢锯条、小冲模等；T12 钢的硬度最高、耐磨性好，但脆性大，适用于制造不承受冲击的耐磨工具，如钢锉、刮刀等。

④ 铸造碳钢。

铸造碳钢是以碳为主要合金元素并含有少量其他元素的铸钢。根据不同的用途和性能要求，铸造碳钢可以分为铸造低碳钢、铸造中碳钢和铸造高碳钢。其中，铸造低碳钢的含碳量小于 0.25%，铸造中碳钢的含碳量为 0.25%～0.60%，铸造高碳钢的含碳量为 0.6%～3.0%。铸造碳钢的强度和硬度随着含碳量的增加而提高，但过高的含碳量会导致铸造碳钢的塑性降低，容易在铸造过程中产生裂纹。

（2）合金钢。

合金钢是指在普通碳素结构钢的基础上添加适量的一种或多种合金元素而构成的铁碳合金。通过添加不同的元素并采取适当的加工工艺，可获得高强度、高韧性、耐磨、耐腐蚀、耐低温、耐高温、无磁性等特殊性能。合金钢的种类很多，按合金元素的含量不同，可分为低合金钢（含量小于 5%）、中合金钢（含量为 5%～10%）和高合金钢（含量大于 10%）；按质量不同，可分为优质合金钢、特质合金钢；按特性和用途不同，可分为合金结构钢、不锈钢、耐酸钢、耐磨钢、耐热钢、合金工具钢、滚动轴承钢、合金弹簧钢和特殊性能钢（如软磁钢、永磁钢、无磁钢）等。

（3）铸铁。

铸铁是含碳量大于 2.11%的铁碳合金，其中的碳元素全部或者大部分以石墨形式存在。工业上常用铸铁的含碳量一般为 2.5%～4.0%。此外，铸铁中还有硅（Si）、锰（Mn）、硫、磷等元素。铸铁是应用非常广泛的一种金属材料，具有良好的铸造性能和切削加工性能，生产成本低，并具有优良的消音减震、耐压、耐磨、耐腐蚀等性能。机床的床身和虎钳的钳体、底座等都是由铸铁制成的。根据石墨形态的不同，铸铁可分为灰铸铁、可锻铸铁、球墨铸铁、蠕墨铸铁等。

① 灰铸铁。

灰铸铁是指具有片状石墨［见图 1-6（a）］的铸铁，是应用最广泛的铸铁，其产量占铸铁总产量的 80%。灰铸铁常用于制造机床导轨及床身、活塞、阀门［见图 1-6（b）］等。由于灰铸铁中的石墨呈片状，并且石墨具有一定的润滑性能，所以铸铁具有良好的切削加工性能、铸造性能、耐磨性能、消音减震性，以及较低的断口敏感性等。但是灰铸铁属于脆性材料，不能对其进行锻造和冲压，且其焊接性能较差。灰铸铁的牌号由"灰铁"二字的汉语拼音首字母"HT"及一组表示最小抗拉强度的数字组成。

（a）片状石墨　　　　　　　　　　（b）用灰铸铁制成的阀门

图 1-6　灰铸铁

② 可锻铸铁。

可锻铸铁俗称马铁、玛钢。其石墨呈团絮状，如图 1-7（a）所示。相对于片状石墨而言，团絮状石墨减轻了对基体的割裂作用和应力集中，因此可锻铸铁具有较高的强度、塑性和韧性。按照热处理方法不同，可锻铸铁可分为黑心可锻铸铁、珠光体可锻铸铁和白心可锻铸铁3种。其中，黑心可锻铸铁在我国最为常用，其塑性和韧性好，耐腐蚀性高，广泛应用于管道配件、汽车制造行业，常用于制造形状复杂、承受冲击载荷的薄壁及中小型零件。用可锻铸铁制成的四通管件如图1-7（b）所示。黑心可锻铸铁的牌号由三个字母（KTH）及两组数字组成，前两个字母"KT"是"可铁"二字汉语拼音的首字母，第三个字母"H"是"黑"字汉语拼音的首字母；后面两组数字分别代表最低抗拉强度和最低伸长率。例如，KHT300-06表示黑心可锻铸铁，其最低抗拉强度为300MPa，最低伸长率为6%。

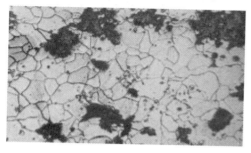

| （a）团絮状石墨 | （b）用可锻铸铁制成的四通管件 |

图1-7　可锻铸铁

③　球墨铸铁。

球墨铸铁是20世纪40年代末发展起来的一种铸造合金，它是通过向出炉的铁水中加入球化剂和孕育剂而得到的铸铁，其中的石墨呈球状，如图1-8（a）所示。其机械性能远胜灰铸铁，接近钢，具有优良的铸造性能、切削加工性能和耐磨性能，有一定的弹性，广泛用于制造曲轴、齿轮、活塞及凸轮轴［见图1-8（b）］等高级铸件及多种机械零件。球墨铸铁的牌号由"球铁"二字汉语拼音的首字母"QT"及两组数字组成。两组数字分别代表其最低抗拉强度和最低伸长率。例如，QT400-18表示球墨铸铁，其最低抗拉强度为400MPa，最低伸长率为18%。

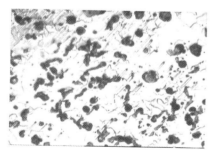

| （a）球状石墨 | （b）用球墨铸铁制成的凸轮轴 |

图1-8　球墨铸铁

④　蠕墨铸铁。

蠕墨铸铁是近些年发展起来的一种新型铸铁，其石墨呈短片状，片端钝而圆，类似蠕虫，如图 1-9（a）所示。由于其机械性能高，导热性和耐热性优良，因此适用于制造工作环境温度较高或具有较高温度梯度的零件，如大型柴油机的气缸盖［见图 1-9（b）］、制动盘；由于其断面敏感性低、铸造性能好，因此可用于制造形状复杂的大铸件，如重型机床和大型柴油机机体等。蠕墨铸铁的牌号以"RuT"和一组数字表示，这组数字表示其最低抗拉强度。例如，RuT400 表示抗拉强度大于 400MPa 的蠕墨铸铁。

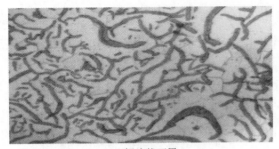
（a）短片状石墨

（b）用蠕墨铸铁制成的气缸盖

图 1-9　蠕墨铸铁

知识点三　钢的热处理

1. 热处理概述

热处理是指对钢在固态范围内采用适当的方式进行加热、保温和冷却，以改变其内部组织，从而获得所需性能的一种工艺方法。热处理是机械制造过程中的重要加工工艺之一，与其他加工工艺相比，热处理一般不改变工件的形状和整体的化学成分，而是改变工件内部的显微组织或工件表面的化学成分，以赋予或改善工件的使用性、提高工件的使用寿命、减轻工件质量、节约材料、降低成本。

按照热处理的目的、加热和冷却方式不同，热处理可分为整体热处理、表面淬火和化学热处理三大类，如表 1-3 所示。

表 1-3　热处理分类

热处理类型	主要内容
整体热处理	退火
	正火
	淬火
	回火
表面淬火	感应加热淬火
	火焰淬火
	接触电阻加热淬火
化学热处理	渗碳
	渗氮
	碳氮共渗
	渗金属

钢的热处理工艺曲线如图 1-10 所示。

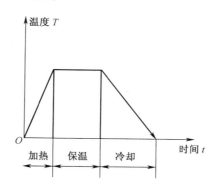

图 1-10　钢的热处理工艺曲线

2．整体热处理

1）退火与正火

（1）退火的含义。

退火是先将钢加热到一定温度，保温适当的时间，然后随炉缓慢冷却的热处理工艺。退火的目的是降低钢的硬度，提高其塑性，以利于切削加工和冷变形加工；消除残余应力，稳定工件尺寸，防止变形与开裂；改善内部组织，为最终热处理做准备。常用的退火方法有完全退火、球化退火、去应力退火、再结晶退火和扩散退火等。

（2）正火的含义。

正火是先将钢加热到一定温度，保温适当的时间，然后在空气中冷却的热处理工艺。正火的目的与退火基本相同，但正火的冷却速度较快，钢正火后的组织比较细，强度、硬度及韧性比退火后高。

（3）正火与退火的选择。

① 经济性。

与退火相比，正火操作简单、生产周期短、成本低，正火后钢的机械性能高，故在生产中应优先考虑正火。

② 切削加工性。

作为预备热处理，低碳钢正火优于退火，而高碳钢正火后的硬度太高，必须采用退火。

③ 使用性能。

对机械性能要求不高的零件，可用正火作为最终热处理工艺；但当零件的形状复杂时，由于正火的冷却速度快，会引起较大变形甚至开裂，因此宜采用退火。

2）淬火

（1）淬火的含义。

淬火是先将钢加热到一定温度，保温适当的时间，然后快速冷却，从而获得一定组织的热处理工艺。淬火的目的是提高钢的强度、硬度及耐磨性。重要的结构零件及工具等都要进

行淬火处理。

（2）淬火工艺。

① 加热温度的选择。

针对不同的钢，其加热温度也不同。若加热温度过高，则钢淬火后的性能变差，易引起钢的氧化与脱碳；若加热温度过低，则钢淬火后的硬度及耐磨性下降。实际生产中，需结合具体条件，通过试验来确定合适的加热温度。

② 淬火介质。

淬火冷却时需要合适的冷却速度，冷却速度过快可导致淬火内应力增大，易引起工件变形与开裂。实际生产中，常用的淬火介质有水、油、盐浴、盐或碱的水溶液等。其中，水的冷却能力较强，淬火时易使工件发生变形或开裂，适合应用于形状简单的碳钢工件；油的冷却能力较弱，有利于减少工件的变形与开裂倾向，适合应用于合金钢。

（3）淬火缺陷及预防措施。

由于加热温度高、冷却速度快，因此淬火工序容易产生缺陷，而变形与开裂是淬火过程中最易产生的缺陷。预防措施：采用适当的淬火工艺，并且在淬火后及时进行回火处理。淬火时，还会产生以下几方面的缺陷。

① 氧化与脱碳。

氧化是指工件在加热时，加热介质中的氧、二氧化碳和水等与工件表面的铁原子发生反应形成氧化物的过程。氧化会降低工件的承载能力和表面质量。脱碳是指加热时，气体介质与工件表面的碳原子相互作用，造成工件表面碳的质量分数降低的现象。脱碳会降低工件表面的性能和表面质量。预防措施：若为重要零件，可在盐浴炉内加热或在工件表面涂覆保护剂，也可在保护气氛及真空中加热。

② 过热与过烧。

过热是指工件在热处理时，由于加热温度偏高，而使钢的内部组织粗大，造成机械性能显著下降的现象。过热可以通过退火或正火来消除。过烧是指加热温度过高，造成钢的内部组织氧化和部分融化的现象。过烧的工件无法补救，只能报废。防止措施：合理制定加热规范，严格控制加热温度和加热时间。

③ 硬度不足。

工件在淬火后，硬度未达到技术要求，称为硬度不足。这是由加热温度偏低、保温时间过短、冷却速度不够、工件表面氧化或脱碳等造成的。防止措施：可先进行一次退火或正火，再重新进行正确的淬火予以消除。

3）回火

（1）回火的含义。

回火是指将淬火后的工件重新加热到某一温度，保温一定时间，然后冷却到室温的热处理工艺。回火是紧接淬火的一道热处理工序，其目的是获得工件所需的组织，以改善性能，稳定工件尺寸，消除淬火内应力，防止工件变形与开裂。

（2）回火的方法及其应用。

回火是整体热处理的最后一道工序，回火温度是影响钢的内部组织和性能的主要因素。按回火温度不同，回火可分为低温回火、中温回火和高温回火。

低温回火的温度是 150～250℃，回火后，钢具有高硬度、高耐磨性和一定的韧性，硬度一般为 58～64HRC，主要应用于各种切削刀具、量具、冷冲模具、滚动轴承及渗碳件等的热处理。

中温回火的温度是 350～500℃，回火后，钢具有较高的弹性极限、屈服强度和一定的韧性，硬度一般为 35～50HRC，主要应用于各种弹簧及模具的热处理。

高温回火的温度是 500～650℃，回火后，钢具有强度、硬度、塑性和韧性都较好的综合机械性能，硬度一般为 200～300HBS，主要应用于重要零件的热处理，如汽车及机床中的连杆、螺栓、齿轮、轴类零件等。习惯上，把淬火与高温回火相结合的热处理方法称为调质处理。

3. 表面淬火与化学热处理

实际生产中，有许多零件，如齿轮、凸轮、曲轴等是在冲击载荷、弯曲、扭转及摩擦条件下工作的，它们的表面应具有很高的硬度和耐磨性，因此其表面必须得到强化，而表面淬火与化学热处理即可满足要求。

（1）表面淬火。

表面淬火是指仅对工件表面进行淬火的工艺，它是不改变钢的表面化学成分，只改变表面组织与性能的局部热处理方法。它通过快速加热，使工件表面组织发生改变，在热量未充分传到工件中心之前，立即予以快速冷却，使工件表面获得硬而耐磨的组织，芯部仍保持原来塑性、韧性较好的组织。

常用的表面淬火方法主要有感应加热淬火和火焰淬火。

感应加热淬火是利用感应电流，使工件表面受到局部加热，并进行快速冷却的淬火工艺。

火焰淬火是利用高温火焰对工件表面进行快速加热，并随即快速冷却的淬火工艺。

（2）化学热处理。

化学热处理是指将工件置于一定温度的介质中保温，使一种或几种元素渗入其表面，以改变工件表面的化学成分和组织，使工件具备所要求的性能。

化学热处理的作用有两个：一是强化工件表面，提高工件表面的疲劳强度、硬度和耐磨性，如渗碳、渗氮、碳氮共渗、渗硼等；二是改善工件表面的物理化学性能，提高工件表面的抗腐蚀能力、抗氧化能力，如渗铝、渗铬等。

① 渗碳。

渗碳是指将工件置于渗碳介质中加热并保温，使碳原子渗入其表面的化学热处理工艺。渗碳后，工件表面获得高硬度、高耐磨性和高疲劳强度，芯部具有一定的强度和良好的韧性。渗碳材料一般为含碳量在 0.10%~0.25%范围内的低碳钢或低碳合金钢，如 15 钢、20 钢、20Cr 钢、20CrMnTi 钢等。

渗碳适用于一些承受冲击的耐磨零件的化学热处理，如轴、齿轮、凸轮、活塞销等。

② 渗氮。

渗氮是指在一定温度下，使氮原子渗入工件表面的化学热处理工艺。渗氮后，工件表面的硬度、疲劳强度、耐磨性及耐蚀性提高，变形小。

渗氮材料一般为含碳量在 0.15%~0.45%范围内的合金钢，其主要合金元素为铝（Al）、钼（Mo）、铬（Cr）等，如 38CrMoAlA 钢、35CrMo 钢、18CrNiW 钢。为提高芯部的综合机械性能，渗氮前通常要对工件进行调质处理。

渗氮适用于对耐磨性和精度要求较高的零件的化学热处理，如精密齿轮、磨床主轴、高速柴油机的曲轴、阀门等。

③ 碳氮共渗。

碳氮共渗是一种向钢件表面同时渗入碳原子和氮原子的化学表面热处理工艺。碳氮共渗不仅提高了钢件的表面硬度和耐磨性，还改善了其抗疲劳性能和抗腐蚀性能。由于处理温度较低且变形小，碳氮共渗在生产中具有很大的优势。碳氮共渗在新能源汽车电驱轴承、减速器轴承、军工轴承，以及高速、长寿命精密轴承等领域应用广泛。此外，它还适用于模具、量具、刃具及耐磨零件的化学热处理。

项目学习评价

一、思考练习题

（1）根据所学知识填写表 1-4。

表 1-4　牌号的含义

牌号	所属类别	含碳量/%	性能特征	用途举例
Q235AF				
45				
T10A				

（2）仓库中存放了相同规格的 20 钢、45 钢和 T10 钢，请提出一种最简便的区分方法。

二、项目评价

（1）根据表 1-5 中的项目评价内容进行自评、互评、教师评。

表 1-5 项目评价表

评价方面	项目评价内容	分值/分	自评	互评	教师评	得分/分
理论知识	① 常用工业钢的牌号表示方法及其含义	10				
	② 常用金属材料的性能	10				
	③ 热处理的原理	10				
	④ 常用的热处理方法	15				
实操技能	① 金属材料的简易鉴别方法	15				
	② 热处理方法的应用	20				
安全文明生产和职业素质培养	① 学习努力	5				
	② 积极肯干	5				
	③ 按规范进行操作	10				

（2）根据表 1-6 中的评价内容进行自评、互评、教师评。

表 1-6 小组学习活动评价表

班级：＿＿＿＿＿＿＿＿＿＿ 小组编号：＿＿＿＿＿＿＿＿＿＿ 成绩：＿＿＿＿＿＿＿＿＿＿

评价项目	评价内容及分值			自评	互评	教师评
分工合作	优秀（12～15 分）	良好（9～11 分）	继续努力（9 分以下）			
	小组成员分工明确，任务分配合理，有小组分工职责明细表	小组成员分工较明确，任务分配较合理，有小组分工职责明细表	小组成员分工不明确，任务分配不合理，无小组分工职责明细表			
获取信息	优秀（12～15 分）	良好（9～11 分）	继续努力（9 分以下）			
	能使用适当的搜索引擎从网络等多种渠道获取信息，并合理地选择信息、使用信息	能从网络或其他渠道获取信息，并较合理地选择信息、使用信息	能从网络或其他渠道获取信息，但信息选择不正确，信息使用不恰当			
实操技能	优秀（16～20 分）	良好（12～15 分）	继续努力（12 分以下）			
	能按技能目标要求规范完成每项实操任务，能准确说明金属材料的特性和金属材料热处理的目的与应用	能按技能目标要求规范完成每项实操任务，但不能准确说明金属材料的特性或金属材料热处理的目的与应用	能按技能目标要求完成每项实操任务，但规范性不够；不能准确说明金属材料的特性和金属材料热处理的目的与应用			
基本知识分析讨论	优秀（16～20 分）	良好（12～15 分）	继续努力（12 分以下）			
	讨论热烈、各抒己见，概念准确、思路清晰、理解透彻，逻辑性强，并有自己的见解	讨论没有间断、各抒己见，分析有理有据，思路基本清晰	能够展开讨论，分析有间断，思路不清晰，理解不透彻			
成果展示	优秀（24～30 分）	良好（18～23 分）	继续努力（18 分以下）			
	能很好地理解项目的任务要求，成果展示的逻辑性强，能熟练地利用信息技术（如互联网、显示屏等）进行成果展示	能较好地理解项目的任务要求，成果展示的逻辑性较强，能较熟练地利用信息技术（如互联网、显示屏等）进行成果展示	基本理解项目的任务要求，成果展示停留在书面和口头表达，不能熟练地利用信息技术（如互联网、显示屏等）进行成果展示			
总分						

17

项目小结

　　金属材料应用广泛，目前仍占据材料工业的主导地位，主要包括黑色金属的型钢、钢板及钢带、钢管、钢丝、钢丝绳，有色金属的棒材、线材、板材、带材及箔材、管材 10 大类。黑色金属主要包括生铁、铁合金、铸铁、钢等。钢和生铁都是以铁为基础，以碳为主要添加元素的合金，统称为铁碳合金。

　　金属材料的性能决定着金属材料的适用范围。金属材料的性能主要分为 4 个方面：机械性能、化学性能、物理性能和工艺性能。

　　热处理是改善金属材料切削加工性能的重要途径，也是改善金属材料机械性能的重要途径。

项目二 机械加工图纸的识读

项目情境创设

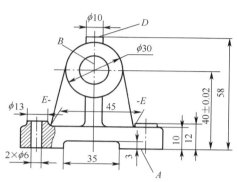

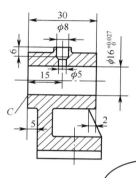

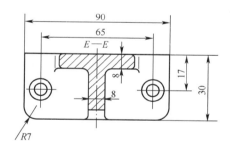

同学们首次接触机械加工时，对于所需要加工的零件的形状、尺寸应进行基本的了解。例如，零件中有没有孔存在？是普通的通孔还是螺纹孔？孔的大小是多少？得知了这些基本情况后，同学们再进一步考虑如何加工该零件。这些信息可在机械加工图纸中获得，因此大家需要先读懂机械加工图纸，了解设计师在机械加工图纸中所传达的零件信息，再根据这些信息进行工艺的编排及加工。

项目学习目标

	学习目标	学习方式	学时
技能目标	① 掌握标准件与常用件等制图标准； ② 识读零件图、装配图等典型机械图样； ③ 有一定的测绘能力，根据需要绘制中等复杂程度的机械图样	实训操作	2
知识目标	① 掌握投影的基本原理、制图的基本知识及应用； ② 掌握运用绘图工具绘制机械图样的方法、技能与技巧； ③ 掌握并在绘图中贯彻有关制图标准和规定	理论讲授、实训操作	2
素养目标	① 通过网络查询不同的机械图样，激发对制图的兴趣； ② 通过小组讨论，提高获取信息的能力； ③ 通过相互协作，树立团队合作意识	网络查询、小组讨论、相互协作	课余时间

机械常识与钳工实训

项目任务分析

在现代工业生产中，无论是设计和制造各种机械设备，还是建造高楼大厦，都离不开图样。用于各种机械设备加工制造的图样，称为机械图样。它的主要内容为一组用正投影法绘制成的零件视图，以及加工制造所需的尺寸和技术要求。机械图样是生产中最基本的技术文件，是设计、制造、检验、装配产品的依据，是进行机械制造技术交流的工程技术语言。

项目基本功

一、项目基本技能

任务　机械零件的认知

1.轴类零件

（1）轴类零件的功能及结构。

轴类零件是最常用的机械零件之一。它的主要功能是支承传动件（如齿轮、带轮等）、传递转矩（转矩是一对大小相等、方向相反的力矩，是物理学中描述力作用在物体上时产生旋转效果的物理量）、承受载荷（载荷通常指施加在物体上的质量或力），以及保证装在轴上的零件具有一定的回转精度。轴类零件是旋转零件，其长度大于直径，由外圆柱面、圆锥面、内孔、螺纹及相应端面组成。其加工表面通常除内外圆表面、圆锥面、螺纹、端面外，还有花键、键槽、横向孔、沟槽等。

根据功能、结构和形状不同，轴可分为很多种类，如光轴、半轴、阶梯轴、空心轴、花键轴、偏心轴、凸轮轴、十字轴、曲轴等，如图2-1所示。

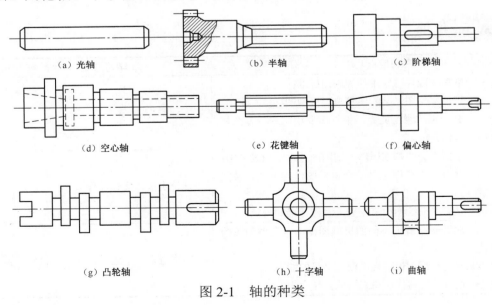

（a）光轴　　（b）半轴　　（c）阶梯轴

（d）空心轴　　（e）花键轴　　（f）偏心轴

（g）凸轮轴　　（h）十字轴　　（i）曲轴

图2-1　轴的种类

20

（2）轴类零件的技术要求。

① 加工精度。

a．尺寸精度。其定义为实际尺寸变化所达到的标准公差的等级范围。轴类零件的尺寸精度主要指轴颈直径尺寸精度和轴长尺寸精度。根据使用要求，轴颈直径尺寸精度通常为IT6～IT9级（IT表示标准公差，国标规定分为8个等级），精密轴类零件的轴颈直径尺寸精度也可达IT5级。轴长尺寸通常规定为公称尺寸，阶梯轴的各阶梯长度可按使用要求给出相应公差。

b．公差。公差又称几何精度、几何公差（几何量的允许变动范围），主要包括尺寸公差、形位公差（形状公差：直线度、平面度、圆度、圆柱度、线轮廓度和面轮廓度；位置公差：平行度、垂直度、倾斜度、同轴度、对称度、位置度、圆跳动和全跳动等）和表面粗糙度。轴类零件一般用两个轴颈支撑在轴承上，这两个轴颈称为支撑轴颈，也是轴的装配基准。除尺寸精度外，一般还对轴类零件支撑轴颈的公差（如圆度、圆柱度等）提出要求。对于精度要求不高的轴颈，形状公差应限制在直径公差范围内，当其对精度要求高时，应在零件图样上另行规定其允许的公差。

c．相互位置精度。轴类零件中的配合轴颈（装配传动件的轴颈）相对于支撑轴颈间的同轴度是其相互位置精度的普遍要求。通常对于普通精度的轴，在径向圆跳动为0.01～0.03mm；对于高精度轴，在径向圆跳动为0.001～0.005mm。

此外，相互位置精度还有内外圆柱面的同轴度、轴向定位端面与轴心线的垂直度要求等。

② 表面粗糙度。

表面粗糙度是指加工表面具有的较小间距和微小峰谷的不平度。机械的精密程度、运转速度的快慢不同，轴类零件的表面粗糙度要求也不相同。一般情况下，支撑轴颈的表面粗糙度为0.63～0.16μm；配合轴颈的表面粗糙度为2.5～0.63μm。

（3）轴类零件的材料和毛坯。

① 轴类零件的材料。

轴类零件的材料主要根据轴的强度、刚度、耐磨性及制造工艺来选择，力求经济、合理。

常用的轴类零件材料有35钢、45钢、50钢，45钢应用最为广泛。受载荷影响较小或不太重要的轴类零件可用Q235、Q255等普通碳素结构钢；受力较大，轴向尺寸、质量受限制或某些有特殊要求的轴类零件可采用合金钢。例如，40Cr合金钢可用作中等精度、转速较高的轴类零件材料，该材料经调质处理后具有较好的综合机械性能；Cr15、65Mn等合金钢可用作精度较高、工作条件较差的轴类零件材料，这些材料经调质处理和表面淬火后，耐磨性、耐疲劳强度性能都较好；在高速、重载条件下工作的轴类零件，可选用20Cr、20CrMnTi、20Mn2B等低碳钢或38CrMoA1A渗碳钢，这些材料经渗碳、淬火或渗氮处理后，不但有很高的表面硬度，而且其芯部强度也大大提高，因此具有良好的耐磨性、抗冲击韧性和耐疲劳强度。球墨铸铁、高强度铸铁由于铸造性能好且具有减震性能，常在制造外形结构复杂的轴类零件时被采用。特别是我国研制的稀土镁球墨铸铁，不仅抗冲击韧性好，还具有减磨、吸震、对应力集中敏感性小等优点，已被应用于制造汽车、机床上的重要轴类零件。

② 轴类零件的毛坯。

轴类零件常用的毛坯有型材（圆棒料）和锻件。大型的、外形结构复杂的轴类零件也可采用铸件。内燃机中的曲轴通常采用铸件。

型材分为热轧和冷拉棒料，均适用于光滑轴或直径相差不大的阶梯轴。

锻件经加热、锻打后，金属内部纤维组织沿表面分布，因此有较高的抗拉强度、抗弯强度及抗扭转强度，一般用于制造重要的轴类零件。

2. 箱体类零件

箱体类零件通常作为箱体部件装配时的基准零件。它将一些轴、套、轴承和齿轮等零件组合起来，使其保持正确的相互位置关系，以传递转矩或改变转速来完成规定的运动。因此，箱体类零件的加工质量对机器的工作精度、使用性能和寿命都有直接影响。

箱体类零件的结构特点：多为铸件，结构复杂，壁薄且不均匀，加工部位多，加工难度大。几种常见箱体类零件的结构简图如图 2-2 所示。

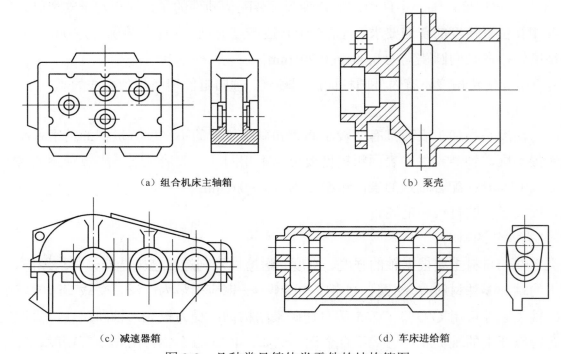

（a）组合机床主轴箱　　　　　　　　　　　　　　（b）泵壳

（c）减速器箱　　　　　　　　　　　　　　（d）车床进给箱

图 2-2　几种常见箱体类零件的结构简图

箱体类零件的主要技术指标：轴颈支承孔的孔径精度与相互位置精度、定位销孔的精度与孔距精度、主要平面的精度、表面粗糙度等。

箱体类零件的材料及毛坯：箱体类零件常选用灰铸铁作为制造材料，汽车、摩托车的曲轴箱选用铝合金作为曲轴箱的主体材料，其毛坯一般采用铸件，因曲轴箱是大批量生产，且毛坯的形状复杂，故采用压铸件，镶套与箱体在压铸时铸成一体。压铸件的精度高、加工余量小，有利于机械加工。

二、项目基本知识

知识点一 识图的基本知识

图 2-3（a）所示零件的零件图如图 2-3（b）所示。该图样是由一些图形、尺寸、技术要求、标题栏等组成的。这些组成部分需符合国家标准。

（a）零件

（b）零件图

图 2-3 零件及零件图

1. 图形

为了表达物体的形状结构，可以从不同的角度观察物体，把看到的和看不到的轮廓用一组图形表示出来。例如，分别从图 2-3（a）所示零件的前方和上方观察，得到两个图形，即视图，这两个视图按照规定的位置排列，表达了零件的形状结构。

（1）图形的线型。

绘制机械图样的图线时，必须按照规定的形式。机械图样的图线及应用如表 2-1 所示。

表 2-1 机械图样的图线及应用

图线名称	线型	代号	图线宽度	应用举例
粗实线	———————	01	d	可见轮廓线
细实线	———————		约 $d/2$	尺寸线、尺寸界线、剖面线
波浪线	～～～		约 $d/2$	视图和剖视图的分界线、断裂处的边界线
双折线	—√—√—		约 $d/2$	断裂处的边界线
细虚线	– – – – – –	02	约 $d/2$	不可见轮廓线
细点画线	—·—·—·—	04	约 $d/2$	轴线、对称中心线
粗点画线	—·—·—·—		d	有特殊要求的线或表示线
细双点画线	—··—··—	12	约 $d/2$	相邻辅助零件的轮廓线、极限位置的轮廓线

23

（2）比例。

比例标注在标题栏中的比例栏内，比例符号以"："表示，如 1：2、20：1、1：100 等。比例表示图形与其对应实物相应要素的线性尺寸之比。

比例分为三种：比值为 1 的称为原值比例，即 1：1；比值大于 1 的称为放大比例，如 2：1、10：1 等；比值小于 1 的称为缩小比例，如 1：2、1：10 等。

2．尺寸

图形只能表达零件的结构形状，零件的真实大小应以机械图样上所注的尺寸为依据，与绘图比例及绘图的准确度无关。机械图样中的尺寸一般以毫米（mm）为单位，如尺寸 12、34、ϕ11 等。

3．技术要求

技术要求用文字标注在图中的适当位置或图纸的空白处，如表面粗糙度要求$\sqrt{Ra\,1.6}$、尺寸公差$18^{0}_{-0.012}$和技术条件等。

4．标题栏

标题栏一般位于图纸的右下角，主要内容有零件名称、材料、数量、比例等。国家标准《技术制图 标题栏》（GB/T 10609.1—2008）中对标题栏的基本要求、内容、尺寸与格式有明确规定。

5．其他

（1）图纸幅面。

机械图样需要在图纸上表达出来，图纸幅面和格式应遵循国家标准《技术制图 图纸幅面和格式》（GB/T 14689—2008）中的相关规定，常用的图纸幅面如表 2-2 所示。

表 2-2　常用的图纸幅面　　　　　　　　　　　　　　　　　　　单位：mm

幅面代号	尺寸 $B \times L$
A0	841×1189
A1	594×841
A2	420×594
A3	297×420
A4	210×297

（2）字体和数字的书写要求。

① 机械图样中的字体必须做到字体工整、笔画清楚、间隔均匀、排列整齐。

② 汉字应写成长仿宋字体，并采用国家正式公布推行的简化字，汉字高度不得小于 3.5mm。

③ 以数字代表字体高度，其公称尺寸系列为 1.8、2.5、3.5、5、7、10、14、20。注：2.5 字号的含义为字体的高度为 2.5mm。

知识点二　三视图

1．正投影法

当日光或灯光照射物体时，在地面或墙面上就会出现物体的影子，这就是日常生活中常见的投影现象。我们把光线称为投射线，地面或墙面称为投影面。用平行的投射线照射物体，向选定的投射面进行垂直投射，在该面上得到图形的方法称为正投影法。按正投影法得到的投影称为正投影，如图 2-4 所示。

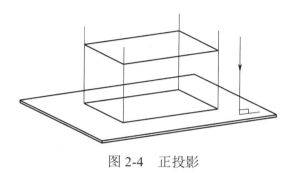

图 2-4　正投影

2．三视图的形成及投影关系

（1）三视图的形成。

用正投影法将物体向投影面投影所得到的图形称为视图。一般情况下，需要采用多个投影面进行投影，才能完全表现物体的空间形状和大小。工程上常选取互相垂直的三个投影面，这三个投影面分别是：正对观察者的投影面，简称正面；水平位置的投影面，简称水平面；右边侧立的投影面，简称侧面。三个投影面相交于三个坐标轴，分别为 OX 轴、OY 轴、OZ 轴。

如图 2-5 所示，假设把物体放在观察者与三个投影面之间，观察者的视线垂直于各投影面进行观察，则可获得正投影，即视图。

从物体的前方向后方投影，得到的正面投影称为主视图，反映了物体的长度和高度。

从物体的上方向下方投影，得到的水平面投影称为俯视图，反映了物体的长度和宽度。

从物体的左方向右方投影，得到的侧面投影称为左视图，反映了物体的高度和宽度。

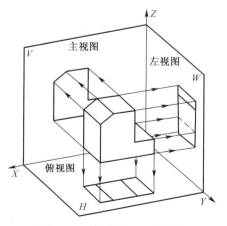

图 2-5　物体的三面投影

为了便于绘图和读图，把空间中的三个视图画在同一张图纸上，就必须把三个投影面展开在同一个平面内。方法是：正面保持不动，将水平面向下旋转 90°，侧面向右旋转 90°，如图 2-6 所示。展开后三视图共面，如图 2-7 所示。除了主视图、俯视图、左视图，物体的基本视图还有仰视图、右视图和后视图。

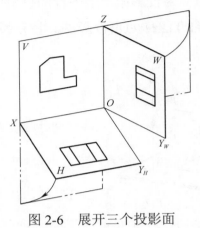
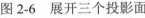

图 2-6　展开三个投影面

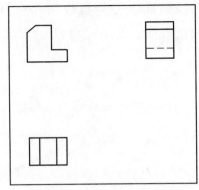

图 2-7　三视图共面

（2）投影关系。

从三视图的形成过程中，可以总结出三视图之间的投影关系。

主、俯视图"长对正"；主、左视图"高平齐"；俯、左视图"宽相等"。以主视图为基础，俯视图在主视图的正下方，左视图在主视图的正右方。

三视图的投影关系如图 2-8 所示。

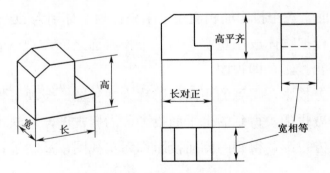

图 2-8　三视图的投影关系

3．点、线、面的投影

（1）点的投影。

空间点 A 的三面投影如图 2-9（a）所示。把投影面展开后，得到图 2-9（b）所示的投影，由此可总结出点的投影规律如下。

① 点的正面投影与水平面投影的连线一定垂直于 OX 轴，即 $aa' \perp OX$。

② 点的正面投影与侧面投影的连线一定垂直于 OZ 轴，即 $a'a'' \perp OZ$。

③ 点的水平面投影到 OX 轴的距离等于点的侧面投影到 OZ 轴的距离，即 $aa_X = a''a_Z$。

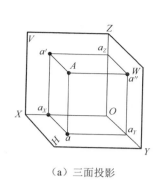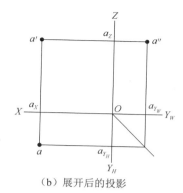

（a）三面投影　　　　　　　　　　　（b）展开后的投影

图 2-9　点的投影

点的三面投影规律实际上也反映了"长对正""高平齐""宽相等"的"三等"对应关系。根据上述规律，只要知道点的两个投影位置就能够确定点的第三个投影位置。

（2）线的投影。

如图 2-10 所示，直线相对于投影面的位置有三种情况，即平行线、垂直线和倾斜线（既不平行，又不垂直），如表 2-3 所示。

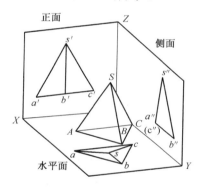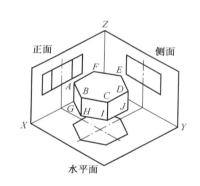

（a）平行线和倾斜线的投影　　　　　　　　　（b）垂直线的投影

图 2-10　直线的投影

表 2-3　直线的投影

类型	定义	举例	性质
平行线	平行于一个投影面，而与另外两个投影面倾斜的直线	在图 2-10（a）中，直线 AB、BC、AC 是水平面的平行线	平行线在与其平行的投影面上的投影反映了该平行线的实际长度；平行线在其他两个投影面上的投影分别平行于相应的投影轴，但都小于该平行线的实际长度
垂直线	垂直于一个投影面，而与另外两个投影面平行的直线	在图 2-10（b）中，直线 AG、BH、CI 是水平面的垂直线	垂直线在与其垂直的投影面上的投影积聚为一点；垂直线在其他两个投影面上的投影反映了该垂直线的实际长度，且垂直于相应的投影轴
倾斜线	在三个投影面上的投影都与投影轴倾斜的直线	在图 2-10（a）中，直线 SA、SB 是水平面的倾斜线	倾斜线在三个投影面上的投影长度均小于该倾斜线的实际长度

（3）面的投影。

平面相对于投影面的位置有三种情况，即平行面、垂直面和倾斜面（既不平行，又不垂直），如表 2-4 所示。

表2-4 平面的投影

类型	定义	举例	性质
平行面	平行于一个投影面,而与另外两个投影面垂直的平面	在图2-10（b）中,平面 ABCDEF 是水平面的平行面	平行面在与其平行的投影面上的投影反映了该平行面的实形;平行面在其他两个投影面上的投影积聚成直线,且平行于相应的投影轴
垂直面	垂直于一个投影面,而与另外两个投影面倾斜的平面	在图2-10（b）中,平面 BCIH 是水平面的垂直面	垂直面在与其垂直的投影面上的投影积聚成与投影轴倾斜的直线;垂直面在其他两个投影面上的投影均为原形的类似形
倾斜面	与三个投影面都倾斜的平面	在图2-10（a）中,平面 SAB、SBC 是三个投影面的倾斜面	倾斜面的三个投影均是小于原倾斜面的类似形,不反映实形

知识点三　剖视图、剖切面的表达方法

当零件的内部结构比较复杂时,为了清楚地表达零件的内部形状,避免在视图中出现过多的虚线,应采用剖视图。

1. 剖视图的基本概念

假想用剖切面剖开零件,将处在观察者和剖切面之间的部分移去,而将其余部分向投影面投射,所得的图形称为剖视图,简称剖视,如图2-11（a）所示。

剖切被表达零件的假想平面叫作剖切面,如图2-11（b）中的 P。

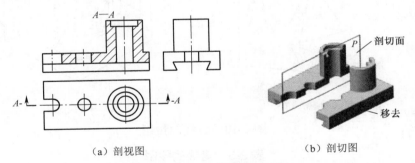

（a）剖视图　　　　　　　　（b）剖切图

图2-11　剖视图和剖切图

剖切面与零件的接触部分叫作剖面区域,这个区域用剖面线表示。剖面线是零件的剖切面在图纸上的表现形式,实际上并不存在。它用于表达零件的内部结构,帮助人们更好地理解零件的内部构造和工作原理。剖面线通常用互相平行的细实线绘制,机械制图规定其与零件的主要轮廓或剖面区域的对称线成45°。同一零件的各个剖面区域,其剖面线画法一致。

按剖切的范围不同,剖视图可分为全剖视图、半剖视图和局部剖视图。

2. 全剖视图

用剖切面完全地剖开零件所得的剖视图称为全剖视图。它主要用于内部形状复杂、外形简单或外形已在其他视图上表达清楚的零件。图2-11（a）所示的剖视图即为全剖视图。在全剖视图上方用大写英文字母"×—×"表示剖视图名称,在相应的视图附近用剖切符号表示剖切位置和投射方向，并标注相同的字母。当单一剖切面通过零件的对称平面或者基本对称平面，并且剖视图放置在基本视图位置，中间没有其他图形隔开时，可省略标注。

3．半剖视图

当零件具有对称平面时，可以以对称中心线为界，一半画成剖视图，另一半画成视图，这种图形称为半剖视图。图 2-12 所示为零件的半剖视图。

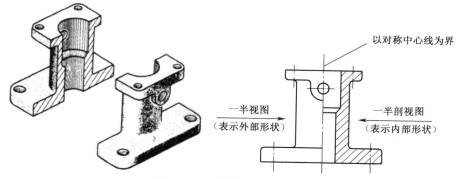

图 2-12　零件的半剖视图

画半剖视图时应注意以下两点。

① 视图和剖视图的分界线应是对称中心线（细点画线），不应与轮廓线重合。

② 内部形状在一半的剖视图中表达清楚后，在另一半的视图中就不必再画出虚线，但对于孔、槽等，应画出中心线。

4．局部剖视图

用剖切面局部地剖开零件所得的剖视图称为局部剖视图，如图 2-13 所示。局部剖视图常用于内部形状、外部形状均需表达出来的不对称零件，其剖切位置、剖切范围可根据需要确定，使用比较灵活。

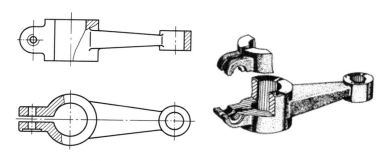

图 2-13　局部剖视图

画局部剖视图时应注意以下两点。

① 局部剖视图用波浪线分界，不能与机械图样上的其他图线重合。

② 若有需要，允许在剖视图的剖切面中再进行一次局部剖切，此时，两个剖面线应同方向、同间隔，但要互相错开位置。

知识点四　识图的基本方法

零件图是表达单个零件的机械图样，是指导零件生产的重要技术文件。在生产过程中，要根据零件图注明的材料和数量进行备料；根据图示的形状、尺寸和技术要求进行加工制造。除此之外，还要根据零件图对零件进行检验，这就需要看懂零件图。

1．零件图的内容

一张完整的零件图应包括以下 4 方面的内容。

（1）一组图形。

利用必要的视图、剖视图、断面图等完整、清晰地表达零件各部分的结构和形状。

（2）尺寸。

尺寸用于表示零件各部分的大小和相对位置，是制造和检验零件的依据。

（3）技术要求。

用文字或符号说明零件在制造、检验过程中应达到的要求，如表面粗糙度、尺寸公差和热处理要求等。

（4）标题栏。

标题栏用于说明零件的名称、材料、数量、比例、图的编号及设计、审核者签名等内容。

2．识图方法

识图的基本方法有两种：形体分析法和线面分析法。

（1）形体分析法。

下面以图 2-14 所示的零件为例说明形体分析法的方法和步骤，形体分析法是识图的主要方法，可以归纳为以下几步。

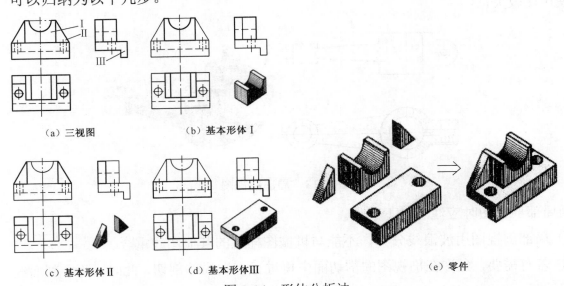

（a）三视图　　　　（b）基本形体Ⅰ
（c）基本形体Ⅱ　　　（d）基本形体Ⅲ　　　（e）零件

图 2-14　形体分析法

① 抓住特征视图，分线框、对投影。一般从反映零件特征的主视图开始，将其可见部分

分成若干个代表基本形体的封闭线框。如图 2-14（a）所示，主视图较明显地反映了基本形体 I、II 的特征，左视图较明显地反映了基本形体III的特征。

② 分析投影，想形状、定位置。结合其他视图，想象出各基本形体的形状及其在整体中所处的位置。

在主视图中，基本形体 I 的形状特征较为明显，其在俯视图和左视图中均是封闭的粗线框，由此可以想象出基本形体 I 是一个长方体，上部中间对称挖了一个半圆柱孔。

在主视图中，基本形体 II 是一个三角形，其在俯视图和左视图中是封闭的矩形线框，由此可以想象出基本形体 II 是一个肋板三角块（肋板），在主视图左、右两边各一个。

左视图反映了基本形体III侧面的形状特征，结合主、俯视图可以想象出它是一块矩形板，上面的左、右两边各钻一个孔，后下方切割了部分矩形块。

③ 综合归纳，想整体。把各基本形体按相互位置组合在一起，想象出整个零件的形状。通过上述分析可以看出，基本形体 I 在基本形体III的上方，左右对称，后面平齐；基本形体 II 对称分布在基本形体 I 的左、右两边，位于基本形体III的上方，后面平齐。由此可综合想象出该零件的空间形状。

（2）线面分析法。

当组合体中有较复杂的形体时，仅用形体分析法难以确定其形状，可借助于线面分析法确定其形状。

线面分析法是利用线、面的投影规律，分析视图中线条、线框的含义和空间位置，从而确定形体形状的方法。下面以图 2-15 所示的支座为例说明线面分析法的方法和步骤。支座可以看作由空心圆筒 I 和底板 II 两个形体组成。空心圆筒 I 简单易懂；而底板 II 由于被几个平面切割，形体显得比较复杂，可应用线面分析法帮助识图。

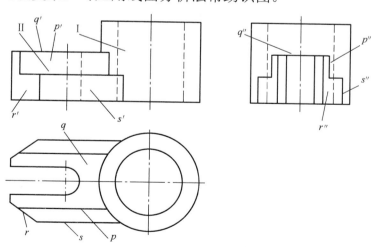

图 2-15　线面分析法

① 按投影规律在俯视图、左视图中找出主视图中线框 p' 对应的投影 p、p''，两者均积聚成直线。因此 p' 所在平面为正面的平行面，其正面投影反映实形。

② 按投影规律在主视图、左视图中找出俯视图中线框 q 对应的投影 q'、q''，两者均积聚

成直线。因此 q 所在平面为水平面的平行面，其水平投影反映实形。

③ 按投影规律在俯视图、左视图中找出主视图中线框 r' 对应的投影 r、r''，r 为一条斜线，r'' 为封闭线框。因此 r' 所在平面为水平面的垂直面，其正面投影、侧面投影均不反映实形。

④ 按投影规律在俯视图、左视图中找出主视图中线框 s' 对应的投影 s、s''，两者均积聚成直线。因此 s' 所在平面为正面的水平面，其正面投影反映实形。

通过以上分析，可综合想象出支座的整体结构形状。

3．尺寸标注

零件是由基本形体组合而成的，在标注尺寸时应标注出各基本形体的定形尺寸、定位尺寸及组合体的总体尺寸。零件应从尺寸基准出发标注尺寸，尺寸基准是标注定位尺寸的基准。下面以图 2-16 所示的轴承座为例，进行分析说明。

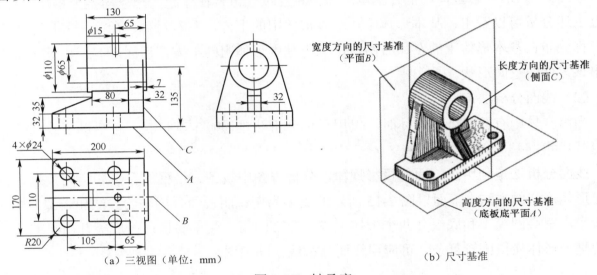

（a）三视图（单位：mm）　　　　　　　　（b）尺寸基准

图 2-16　轴承座

（1）定形尺寸。

定形尺寸是指确定组合体上基本形体大小的尺寸。轴承座由套筒、支板、肋板和底板 4 部分组成，应逐一标注出各部分的定形尺寸。套筒的径向尺寸为 $\phi110$mm、$\phi65$mm，轴向尺寸为 130mm，小圆柱孔直径为 15mm；支板尺寸为 32mm；肋板尺寸为 80mm、32mm 和 35mm；底板的长度为 200mm，宽度为 170mm，高度为 32mm，圆角半径为 20mm，4 个圆柱孔直径为 24mm。

（2）定位尺寸。

定位尺寸是指确定组合体上基本形体间的相对位置的尺寸。选择底板底平面 A、平面 B 和侧面 C 分别作为高度方向、宽度方向和长度方向的尺寸基准，然后分别标注出各基本形体相对于这些尺寸基准的定位尺寸。套筒高度方向和长度方向的定位尺寸分别为 135mm 和 7mm，小圆柱孔长度方向的定位尺寸为 65mm；底板上 4 个圆柱孔在长度方向和宽度方向上相对位置的尺寸分别为 105mm 和 110mm，这一组孔长度方向的定位尺寸为 65mm。

（3）总体尺寸。

总体尺寸是指确定组合体总长度、总宽度、总高度的尺寸。轴承座的总长度为200mm，总宽度为170mm，总高度为190mm。部分组合体的总体尺寸不直接标注出，而是通过计算间接得出，如轴承座的总高度。

知识点五　常用零件的规定画法

在各种机械设备中，螺栓、螺钉、螺母、键、销、轴承等零件的应用非常广泛，为了便于大批量生产，它们的结构和尺寸等都按统一的规格进行了标准化，因此称它们为标准件。齿轮及弹簧等零件在机械设备中也经常应用，它们的部分参数已系列化，因此称它们为常用件。

绘图时，标准件与常用件上的某些结构和形状不必按其真实投影画出，可根据相应的国家标准中所规定的画法、代号和标记进行绘图和标注。

1．螺纹

在圆柱或圆锥外表面上形成的螺纹叫作外螺纹，如螺栓或螺柱上的螺纹是外螺纹；在圆柱或圆锥内表面上形成的螺纹叫作内螺纹，如螺母上的螺纹是内螺纹。常见的螺纹紧固件如图2-17所示。

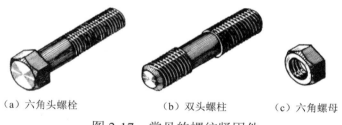

（a）六角头螺栓　　（b）双头螺柱　　（c）六角螺母

图2-17　常见的螺纹紧固件

（1）螺纹的基本要素。

螺纹的基本要素有五个，即牙型、直径、线数、螺距和导程、旋向。螺纹五要素完全相同的内、外螺纹才能相互匹配。

① 牙型。牙型是指在螺纹轴线平面内的螺纹轮廓形状。常用的牙型有三角形、梯形、锯齿形和矩形等。

② 直径。如图2-18所示，螺纹的直径分为大径、小径和中径。

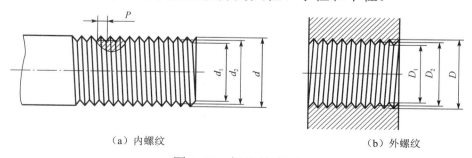

（a）内螺纹　　　　　　（b）外螺纹

图2-18　螺纹的直径

a．大径 d、D。大径是指与外螺纹牙顶或内螺纹牙底相切的假想圆柱的直径。通常我们所说的螺纹公称直径是指螺纹大径的基本尺寸。

b．小径 d_1、D_1。小径是指与外螺纹牙底或内螺纹牙顶相切的假想圆柱的直径。

c．中径 d_2、D_2。中径是指通过牙顶上沟槽和凸起宽度相等的地方的假想圆柱的直径。

③ 线数 n。线数是指形成螺纹的螺旋线的条数，有单线、双线和多线之分。

④ 螺距 P 和导程 P_h。螺距 P 是指相邻两牙在中径线上对应两点间的轴向距离。导程 P_h 是指同一螺旋线上相邻两牙在中径线上对应两点间的轴向距离，如图 2-19 所示。

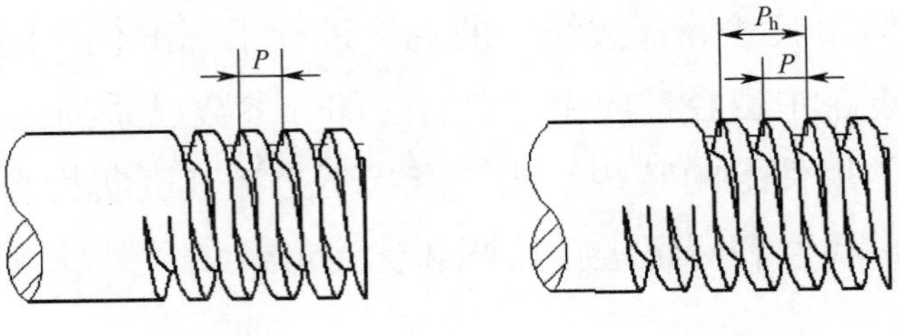

（a）螺距　　（b）导程

图 2-19　螺距和导程

螺距、导程、线数的关系式为 $P_h=nP$。

⑤ 旋向。按顺时针方向旋入的螺纹称为右旋螺纹，按逆时针方向旋入的螺纹称为左旋螺纹，如图 2-20 所示。工程中应用的螺纹大部分为右旋螺纹。

（2）螺纹的规定画法。

① 外螺纹的画法。

外螺纹一般用视图表示，大径用粗实线绘制，小径用细实线绘制；在平行于螺纹轴线的投影面上的视图中，螺纹终止线用粗实线绘制。在垂直于螺纹轴线的投影面上的视图中，表示牙底的细实线圆只画约 3/4 圈，倒角圆省略，如图 2-21 所示。

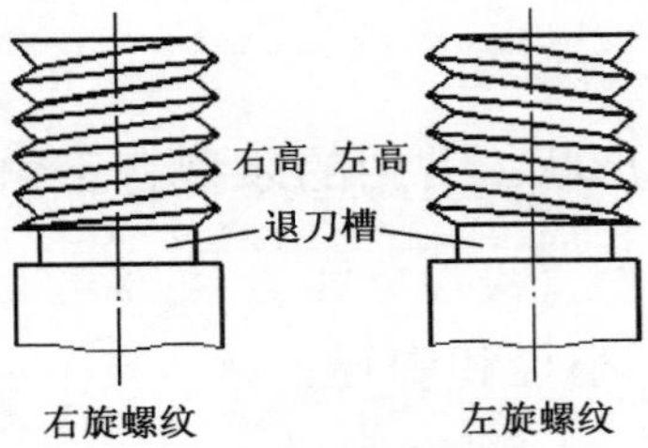

图 2-20　螺纹的旋向

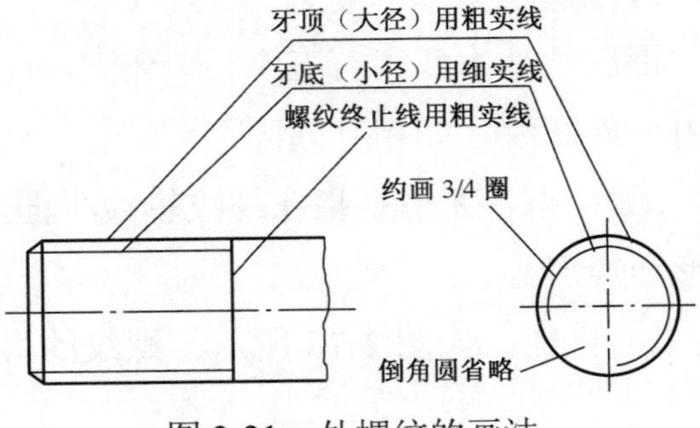

图 2-21　外螺纹的画法

② 内螺纹的画法。

内螺纹一般采用剖视图表示。牙底（大径）用细实线绘制，牙顶（小径）用粗实线绘制，螺纹终止线用粗实线绘制。在垂直于螺纹轴线的投影面上的视图中，表示牙底的细实线圆只画约 3/4 圈，倒角圆省略。剖面线必须画到表示牙顶的粗实线处，如图 2-22 所示。不可见螺纹的所有图线都用虚线绘制。

③ 内、外螺纹连接的画法。内、外螺纹连接一般用剖视图表示。此时，内、外螺纹的旋合部分按外螺纹的画法绘制，其余部分仍按各自的画法绘制。对于外螺纹实心杆件，当剖切面通过其轴线时，按未被剖切绘制，如图 2-23 所示。

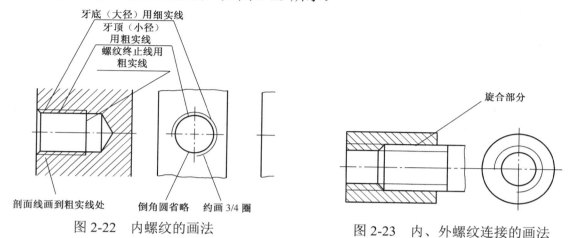

图 2-22　内螺纹的画法　　　　图 2-23　内、外螺纹连接的画法

（3）普通螺纹的标记。

普通螺纹的应用最为广泛，它的完整标记为特征代号、公称直径×螺距、旋向—中径公差带代号、大径公差带代号—旋合长度代号的组合。

例如，M20×1.5LH—5g6g—S 的含义为：普通螺纹（M），公称直径为 20mm，细牙，螺距为 1.5mm，左旋螺纹（LH），中径、大径公差带分别为 5g 和 6g，短旋合长度（S）。

说明：粗牙螺纹不标注螺距，右旋螺纹不标注旋向，中径和大径公差带代号相同时只标注一次，旋合长度分为三类，即长（L）、短（S）、中等（N），中等旋合长度可省略标注 N。

图 2-24 所示为普通螺纹的标注示例。该螺纹为粗牙普通螺纹，公称直径为 20mm，螺距为 2.5mm（查表获得），右旋螺纹，中径公差带为 5g、大径公差带为 6g，中等旋合长度。

（4）螺纹紧固件的种类及其标记。

螺纹紧固件的种类很多，常用的有螺栓、双头螺柱、螺钉、螺母和垫圈等，其中每一种又有若干不同的类别。螺纹紧固件都是标准件，其材料、结构和加工制造等方面的要求都有具体的标准和规定。

图 2-25 所示为六角头螺栓的标注示例，其简化标记为螺栓 GB/T 5782 M12×50，表示螺纹规格为 M12、公称长度 l=50mm、性能等级为 8.8 级、表面氧化为 A 级的六角头螺栓。

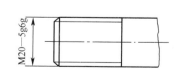
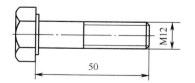

图 2-24　普通螺纹的标注示例　　　图 2-25　六角头螺栓的标注示例（单位：mm）

各种常见螺纹紧固件的结构形式和标记可查阅有关手册。

（5）螺纹紧固件的连接形式。

常用的螺纹紧固件连接形式有螺栓连接、螺柱连接和螺钉连接，根据零件被紧固处的厚度和使用要求选用不同的连接形式。

① 螺栓连接。螺栓连接件有螺栓、螺母和垫圈。

② 螺柱连接。螺柱连接件有双头螺柱、螺母和弹簧垫圈。

③ 螺钉连接。螺钉连接无须螺母，直接将螺钉旋入螺纹孔即可。

螺纹紧固件的连接形式及简化画法如图2-26所示。

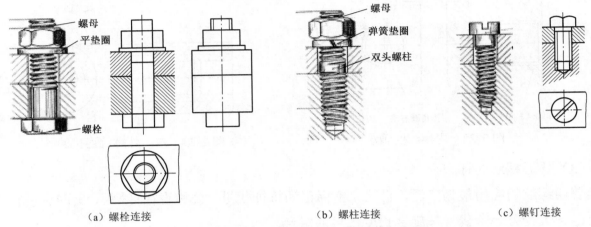

（a）螺栓连接　　　　　　（b）螺柱连接　　　　　　（c）螺钉连接

图2-26　螺纹紧固件的连接形式及简化画法

2．键连接

键用于连接轴与安装在轴上的带轮、齿轮、链轮等，起着传递扭矩的作用。

键是标准件，种类很多，常用的有普通平键、半圆键和钩头楔键等，如图2-27所示。其中，普通平键应用最广泛。

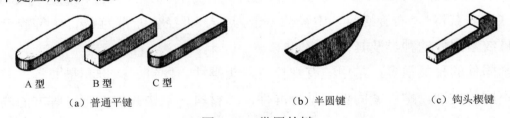

A型　　B型　　C型

（a）普通平键　　　　　　（b）半圆键　　　　（c）钩头楔键

图2-27　常用的键

图2-28所示为普通平键的结构形式及规格尺寸，其标记为 GB/T 1096 键 C18×11×100，表示宽度 b=18mm，高度 h=11mm，长度 L=100mm 的 C 型普通平键（A 型普通平键可不标出 A）。

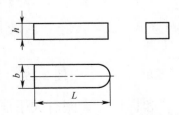

图2-28　普通平键的结构形式及规格尺寸

各种键的结构形式、标准画法及标记可查阅有关手册。

图 2-29 所示为键连接的装配画法，主视图的剖切面通过轴和键的轴线，轴和键均按未被剖切绘制。为了表达键在轴上的安装情况，轴采用了局部剖视图。

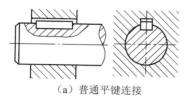 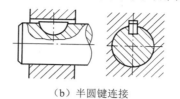

（a）普通平键连接　　　　　（b）半圆键连接　　　　　（c）钩头楔键连接

图 2-29　键连接的装配画法

3. 销连接

销在机械设备中主要用于零件之间的连接、定位或防松。销是标准件，常见的有圆柱销、圆锥销和开口销等。销连接的画法如图 2-30 所示。

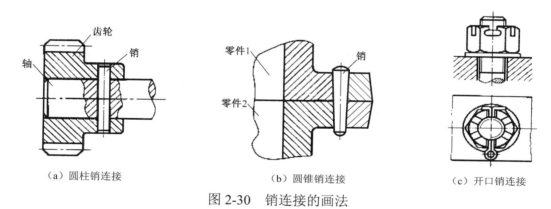

（a）圆柱销连接　　　　　（b）圆锥销连接　　　　　（c）开口销连接

图 2-30　销连接的画法

圆柱销的结构形式及规格尺寸如图 2-31 所示，其简化标记为销 GB/T 119.2 8×60，表示公称直径 d=8mm、公称长度 l=60mm、公差为 m6、材料为钢、普通淬火（A 型）、表面氧化的圆柱销。

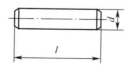

图 2-31　圆柱销的结构形式及规格尺寸

各种销的结构形式、标准画法及标记可查阅有关手册。

4. 齿轮

齿轮是机械传动中应用广泛的一种传动件，它不仅可以用来传递动力，还可以用来改变轴的转速和旋转方向。

其中，转速的改变在机械传动中用速比来量化，即

$$i=Z_1/Z_2$$

式中，Z_1 为主动齿轮的齿数；Z_2 为被动齿轮的齿数；i 为速比。若 $i>1$，则表示减速；若 $i<1$，

则表示加速。

常见的齿轮有圆柱齿轮、锥齿轮、蜗杆、蜗轮，如图 2-32 所示。

(a) 圆柱齿轮　　　　　　(b) 锥齿轮　　　　　　(c) 蜗杆、蜗轮

图 2-32　常见的齿轮

（1）圆柱齿轮。

圆柱齿轮常用于两平行轴之间的传动，其轮齿有直齿、斜齿、人字齿。直齿圆柱齿轮如图 2-32（a）所示。直齿圆柱齿轮的优点：具有很好的承载能力、可承受较大的转矩和扭矩、有稳定的工作状态。由于直齿圆柱齿轮有较好的自动定心作用，因此传动平稳、噪声小、寿命长。齿线与轴心线平行的圆柱齿轮因易于加工而在动力传动上的使用最为广泛。

① 直齿圆柱齿轮的轮齿各部分的名称及代号如图 2-33 所示，直齿圆柱齿轮的几何要素如下。

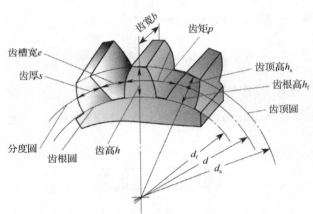

图 2-33　直齿圆柱齿轮的轮齿各部分的名称及代号

a．齿顶圆。齿顶圆是指通过轮齿顶面的圆，其直径以 d_a 表示。

b．齿根圆。齿根圆是指通过轮齿根部的圆，其直径以 d_f 表示。

c．分度圆。分度圆是一个介于齿顶圆与齿根圆之间的假想圆，其直径以 d 表示。

d．齿距。分度圆上相邻两个轮齿上对应点之间的弧长，以 p 表示。齿距由齿厚 s 和齿槽宽 e 组成。对于标准齿轮来说，分度圆上的齿厚 s 与齿槽宽 e 相等，均为齿距的一半，即

$$s=e=p/2;\quad p=s+e$$

e．齿高 h、齿顶高 h_a、齿根高 h_f 均为径向距离。

f．单个圆柱齿轮的规定画法如图 2-34 所示。

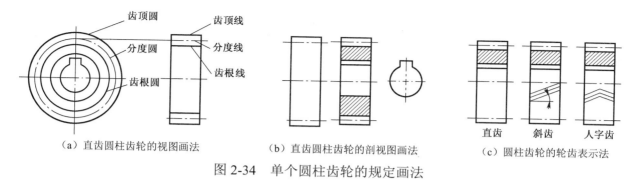

（a）直齿圆柱齿轮的视图画法　　　（b）直齿圆柱齿轮的剖视图画法　　　（c）圆柱齿轮的轮齿表示法

图 2-34　单个圆柱齿轮的规定画法

② 圆柱齿轮啮合的画法如图 2-35 所示。其中，图 2-35（a）所示为简化画法；图 2-35（b）所示为规定画法，即齿轮啮合区内的齿顶圆画粗实线；图 2-35（c）所示为省略画法，即齿轮啮合区内齿顶圆的粗实线可以不画；图 2-35（d）所示为剖面规定画法；图 2-35（e）所示为剖面省略画法。

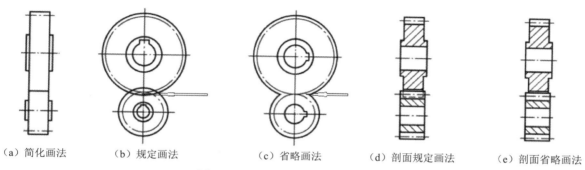

（a）简化画法　　　（b）规定画法　　　（c）省略画法　　　（d）剖面规定画法　　　（e）剖面省略画法

图 2-35　圆柱齿轮啮合的画法

（2）锥齿轮。

锥齿轮又称为伞齿轮，常用于两相交轴之间的传动，如图 2-32（b）所示。其优点是传动扭矩大、传动精度高、具有较好的抗载荷和抗疲劳能力、一般不需要润滑、运转平稳、噪声小。在锥齿轮中，传动用锥齿轮属于比较容易制造的类型。所以，传动用锥齿轮的应用范围较广。

锥齿轮的轮齿一端大，一端小，齿厚和齿槽宽等随之由大到小逐渐变化，各处的齿顶圆、齿根圆和分度圆也不相等，各几何尺寸指的均是大端尺寸。

① 直齿锥齿轮的画法。直齿锥齿轮的规定画法与直齿圆柱齿轮基本相同。单个直齿锥齿轮的画法如图 2-36 所示。齿根圆及小端分度圆均不必画出。

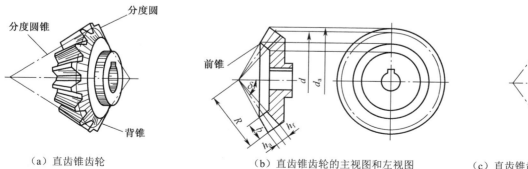

（a）直齿锥齿轮　　　（b）直齿锥齿轮的主视图和左视图　　　（c）直齿锥齿轮的简单画法

图 2-36　单个直齿锥齿轮的画法

② 锥齿轮啮合的画法。锥齿轮啮合的画法与圆柱齿轮啮合的画法基本相同，如图 2-37 所示。

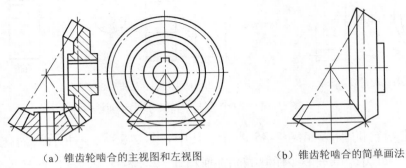

（a）锥齿轮啮合的主视图和左视图　　（b）锥齿轮啮合的简单画法

图 2-37　锥齿轮啮合的画法

（3）蜗杆、蜗轮。

蜗杆、蜗轮常用于两交叉轴之间的传动，如图 2-32（c）所示。其优点是传动比大、结构紧凑。

5. 滚动轴承

滚动轴承是支承旋转的部件，广泛应用于机械设备中，其种类很多，并已经标准化。

滚动轴承由外圈、滚动体、内圈和保持架 4 部分组成。按承受载荷的方向不同，可将滚动轴承分为三类：向心轴承、推力轴承、向心推力轴承，如图 2-38 所示。

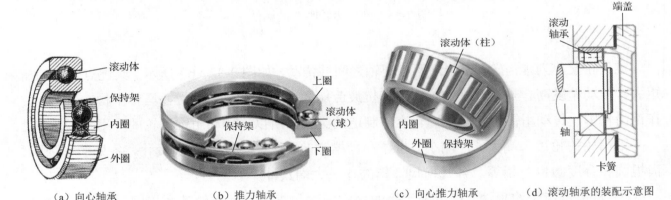

（a）向心轴承　　　　（b）推力轴承　　　　（c）向心推力轴承　　　（d）滚动轴承的装配示意图

图 2-38　滚动轴承

（1）向心轴承。

向心轴承主要承受径向载荷，如深沟球轴承。

（2）推力轴承。

推力轴承主要承受轴向载荷，如推力球轴承。

（3）向心推力轴承。

向心推力轴承能同时承受径向载荷和轴向载荷，如圆锥滚子轴承。

滚动轴承的基本代号由轴承类型代号、尺寸系列代号和内径代号构成，以下是滚动轴承基本代号举例。

① 滚动轴承　6208　GB/T 276—2013。

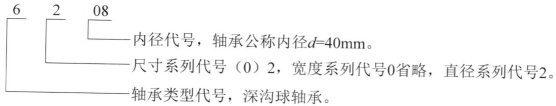

内径代号，轴承公称内径d=40mm。

尺寸系列代号（0）2，宽度系列代号0省略，直径系列代号2。

轴承类型代号，深沟球轴承。

② 滚动轴承　51103　GB/T 301—2015。

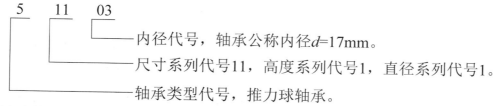

内径代号，轴承公称内径d=17mm。

尺寸系列代号11，高度系列代号1，直径系列代号1。

轴承类型代号，推力球轴承。

滚动轴承的画法有简化画法和规定画法两种，常用滚动轴承的画法如表 2-5 所示。

表 2-5　常用滚动轴承的画法

画法		深沟球轴承	推力球轴承	圆锥滚子轴承
规定画法				
简化画法	特征画法			
	通用画法			

简化画法包括通用画法和特征画法。在剖视图中，若不需要确切表示滚动轴承的外形轮廓、载荷特性、结构特征，可采用通用画法；若需较形象地表示滚动轴承的结构特征，可采用特征画法。

在滚动轴承的产品图样、产品样本及说明书中，可采用规定画法。

知识点六　装配图识读及举例

1．装配图

装配图是表示装配体的工作原理、各零件间的连接及装配关系等内容的图样。它是表达设计思想、指导装配加工、使用和维修，以及进行技术交流的重要技术文件。

在设计、装配、检验、维修部件或机械设备时，经常要识读装配图。通过识读装配图可以了解装配体的名称、用途、结构及工作原理；了解装配体上各零件之间的位置关系、装配关系、连接方式及装拆顺序；读懂各零件的结构形状，分析判断装配体中各零件的动作过程；能从装配图中正确拆画零件图。

2．装配图的主要内容

图 2-39 所示为滑动轴承装配图。可以看出，装配图的主要内容有图形、必要的尺寸、技术要求，以及标题栏、明细栏。

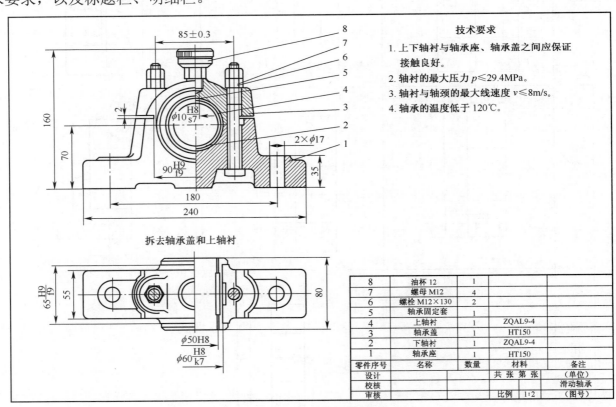

图 2-39　滑动轴承装配图

（1）图形。

装配图中的图形用来表达装配体的结构、工作原理、零件间的装配关系及零件的主要结构形状，不要求把每个零件的各部分结构都完整地表达出来。

装配图的规定画法如下。

① 相邻两零件的接触面和配合面只画一条线，非接触面应画两条线；相邻两零件的剖面线方向相反，或用改变间隔大小、错开等方法加以区别；同一张图样上同一零件的剖面线应相同。

② 当装配图中的实心件和标准件按纵向剖切，且剖切面通过对称平面时，均按未被剖切绘制，但反映实心杆件上的凹坑、键槽、销孔时，要用局部剖视图表示。

装配图的简化画法如下。

① 装配图上若干个相同的零件，如螺栓、螺钉等可较详细地画出一处，其余只画出中心线位置即可，如图 2-40（a）所示。

② 装配图上零件的部分工艺结构，如倒角、退刀槽、刻线等可省略不画。

③ 在能够清楚表达产品和装配关系的条件下，装配图中可以仅画出其简化后的轮廓，如图 2-40（b）所示。

④ 滚花刻线采用简化画法，只画一部分滚花刻线，如图 2-40（c）所示。

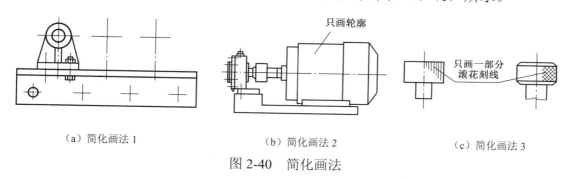

（a）简化画法 1　　　　　（b）简化画法 2　　　　　（c）简化画法 3

图 2-40　简化画法

（2）必要的尺寸。

装配图上应标注与装配体的性能、装配、外形、安装等有关的尺寸，不必标注出全部尺寸。

在图 2-39 中，$\phi 60\frac{H8}{k7}$、$90\frac{H9}{f9}$ 为配合尺寸，尺寸 180 为安装尺寸，尺寸 240、80、160 均为总体尺寸。除此之外，还有其他重要尺寸，如运动件的极限位置尺寸、零件间的主要定位尺寸、设计计算尺寸等。

（3）技术要求。

装配图的技术要求一般用文字注写在明细栏的上方或图样下方的空白处。其主要是针对该装配体的工作性能、装配及检验要求、调试要求、使用与维护要求提出的。不同的装配体具有不同的技术要求。

（4）标题栏、明细栏。

装配图上对每个零件都编写了序号，可以根据零件序号查阅明细栏，以了解各个零件的名称、材料和数量等。零件一般沿水平或垂直方向顺时针或逆时针排序。明细栏是装配图中全部零件的详细目录，主要内容包括零件序号、名称、数量、材料等。一般绘制在标题栏上方，其内容自下而上填写。

3．识读装配图的方法和步骤

识读装配图的方法是先概括了解，再逐步细致分析。图 2-41 所示为滑动轴承轴测分解图，先了解滑动轴承的结构特点及装配关系，再识读其装配图。

图 2-41　滑动轴承轴测分解图

（1）了解装配体的整体情况。

了解标题栏：从标题栏中了解到该部件的名称是滑动轴承，绘图比例为 1∶2。

了解明细栏：从明细栏中了解到该轴承由 8 种零件组成，其中螺栓、螺母、油杯都是标准件，其他零件为专用件。

初步看视图：装配图采用了两个基本视图，即主视图和俯视图。

（2）分析各个视图之间的相互关系，明确各视图表达的重点。

主视图采用半剖视图表达，反映了滑动轴承的工作原理和零件的装配关系。俯视图的一半拆去轴承盖和上轴衬，展示了轴承座的一部分结构。

（3）分析零件的装配关系。

零件的装配关系：上、下轴衬装在轴承固定套和轴承座之间，并用 2 个螺栓、4 个螺母将总体连接在一起；油杯装在轴承盖上面。

（4）分析零件的结构形状和用途。

依据剖面线确定各零件的投影范围。首先，明确复杂零件在各个视图中的内外轮廓；然后，运用形体分析法及线面分析法进行综合分析，找出各个形体之间的投影关系。另外，还应分析该零件的作用。下面是对几个主要零件的作用和结构形状的分析。

① 轴承座的作用是使轴承装入轴衬，并使轴承自由地在轴衬内活动。

② 轴承盖与轴承座通过螺栓连接在一起，其作用是放置轴衬和轴承。

③ 为了使轴承能在轴承固定套内灵活转动，两端轴颈与轴承采用基孔制间隙配合（ϕ60H8/k7）。

④ 油杯与轴承盖采用基孔制间隙配合（ϕ10H8/s7）。

将几个主要零件（如轴承座、轴承盖等）的结构形状弄清楚后，根据装配图上零件的作用和装配关系仔细分析其余的零件就比较容易了。

通过以上分析，并结合装配图上所标注的尺寸、技术要求等进行全面的归纳总结，形成一个完整的认识，才能读懂装配图。

项目学习评价

一、思考练习题

（1）根据立体组合体（见图 2-42）徒手画出三视图。

（2）根据立体组合体（见图 2-43）徒手画出三视图。

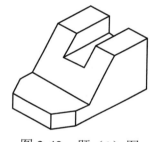
图 2-42 题（1）图

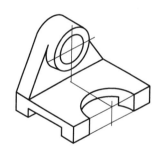
图 2-43 题（2）图

（3）纠正螺纹（见图 2-44）的绘制错误，绘制正确的螺纹。

（4）完成螺纹（见图 2-45）的标记：普通螺纹、公称直径为 24mm、螺距为 3mm、左旋螺纹、中径公差代号为 7h。

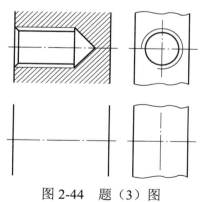
图 2-44 题（3）图

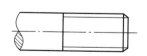
图 2-45 题（4）图

二、项目评价

（1）根据表 2-6 中的项目评价内容进行自评、互评、教师评。

表 2-6　项目评价表

评价方面	项目评价内容	分值/分	自评	互评	教师评	得分/分
理论知识	① 制图的基本知识及应用	10				
	② 三视图、剖视图的投影方法	10				
	③ 零件的标记方法	10				
	④ 常用零件的画法	10				
实操技能	① 识读零件图	10				
	② 识读装配图	10				
	③ 能够进行简单的测绘	20				
安全文明生产和职业素质培养	① 学习努力	5				
	② 积极肯干	5				
	③ 按规范进行操作	10				

（2）根据表 2-7 中的评价内容进行自评、互评、教师评。

表 2-7　小组学习活动评价表

班级：_____　　小组编号：_____　　成绩：_____

评价项目	评价内容及分值			自评	互评	教师评
分工合作	优秀（12～15 分）	良好（9～11 分）	继续努力（9 分以下）			
	小组成员分工明确，任务分配合理，有小组分工职责明细表	小组成员分工较明确，任务分配较合理，有小组分工职责明细表	小组成员分工不明确，任务分配不合理，无小组分工职责明细表			
获取信息	优秀（12～15 分）	良好（9～11 分）	继续努力（9 分以下）			
	能使用适当的搜索引擎从网络等多种渠道获取信息，并合理地选择信息、使用信息	能从网络或其他渠道获取信息，并较合理地选择信息、使用信息	能从网络或其他渠道获取信息，但信息选择不正确，信息使用不恰当			
实操技能	优秀（16～20 分）	良好（12～15 分）	继续努力（12 分以下）			
	能按技能目标要求规范完成每项实操任务，能准确说明图纸中符号代表的意义，掌握尺寸的标注方法，正确识读三视图	能按技能目标要求规范完成每项实操任务，但不能准确说明图纸中符号代表的意义，未掌握尺寸的标注方法或不能正确识读三视图	能按技能目标要求完成每项实操任务，但规范性不够；不能准确说明图纸中符号代表的意义，未掌握尺寸的标注方法，不能正确识读三视图			
基本知识分析讨论	优秀（16～20 分）	良好（12～15 分）	继续努力（12 分以下）			
	讨论热烈、各抒己见，概念准确、思路清晰、理解透彻，逻辑性强，并有自己的见解	讨论没有间断、各抒己见，分析有理有据，思路基本清晰	讨论能够展开，分析有间断，思路不清晰，理解不透彻			
成果展示	优秀（24～30 分）	良好（18～23 分）	继续努力（18 分以下）			
	能很好地理解项目的任务要求，成果展示的逻辑性强，能熟练地利用信息技术（如互联网、显示屏等）进行成果展示	能较好地理解项目的任务要求，成果展示的逻辑性较强，能较熟练地利用信息技术（如互联网、显示屏等）进行成果展示	基本理解项目的任务要求，成果展示停留在书面和口头表达，不能熟练地利用信息技术（如互联网、显示屏等）进行成果展示			
总分						

项目小结

　　识图是每一个将来从事机械加工、机械维修和机械装配工作的学生必须掌握的基本功。通过对识图的基本技能和基本知识的学习，同学们应能用机械制图的方法表示各种各样的零件，并且能按照国家标准绘制出简单零件的视图和装配图，明确机械图样是机械设备加工和装配的重要依据。

项目三　机械零部件加工尺寸的认知

项目情境创设

毛坯

精密零件

为什么作为毛坯的零件表面很粗糙，而一些精密零件的表面可以照镜子？

项目学习目标

	学习目标	学习方式	学时
技能目标	① 能正确识读零件图中表面粗糙度的标注，并根据工艺选择正确的加工方法； ② 能正确识读零件图中形位公差的标注； ③ 掌握过渡配合、过盈配合和间隙配合的正确装配方法	实训操作	2
知识目标	① 掌握表面粗糙度和形位公差的概念； ② 理解过渡配合、过盈配合和间隙配合的概念； ③ 掌握表面粗糙度和形位公差的正确标注方法	理论讲授	2
素养目标	① 通过网络查询机械零部件并进行观察、讨论，激发对机械加工的兴趣； ② 通过小组讨论，提高获取信息的能力； ③ 通过相互协作，树立团队合作意识	网络查询、小组讨论、相互协作	课余时间

项目任务分析

　　加工零件的第一步是选择合适的毛坯，然后进行相应的加工工艺，以得到符合形状、尺寸和精度要求的零件。当我们拿到一个毛坯时，会清楚地感觉到毛坯表面和成形零件表面的手感是不同的，毛坯的表面比较粗糙，而成形的零件，特别是一些精密零件的表面光滑，有些甚至类似于镜面。这就是我们对零件加工部位、加工尺寸的直观认识。下面我们深入了解能够影响零件加工尺寸和加工质量的两个主要因素，即表面粗糙度、形位公差的相关知识。

一、项目基本技能

任务一　认识表面粗糙度

1．表面粗糙度的定义

表面粗糙度是指加工表面具有的较小间距和微小峰谷不平度（见图 3-1）。其两波峰或两波谷之间的间距（波距）很小（在 1mm 以下），用肉眼是难以区别的，因此它属于微观几何形状误差。它直接影响产品的表面质量和使用性能。控制表面粗糙度有助于提高产品质量，保证产品的性能，并可延长产品的使用寿命。因此，零件的表面粗糙度是评价零件表面质量的一项重要指标。

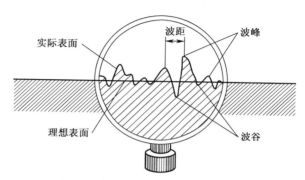

图 3-1　表面粗糙度放大状况

2．影响表面粗糙度的因素

影响零件表面粗糙度的因素有很多，包括加工方法、机床精度、夹具精度和刚度、刀具的几何参数和磨损情况、切削用量、切屑分离的塑性变形、工艺系统中存在的振动等。因此，应该针对各种影响零件表面粗糙度的因素，合理选择加工方法，以获得符合要求的表面粗糙度。

3．表面粗糙度的参数

（1）参数种类。

常用的评定表面粗糙度的参数为 Ra、Rz 两种高度参数。轮廓的算术平均偏差 Ra 被称为表面结构参数，标注轮廓的算术平均偏差时，Ra 可省略。

（2）常用高度参数的定义。

高度参数是指以轮廓的峰、谷高度方向（Y 方向）来计算的表面粗糙度参数，是常用的表面粗糙度评定参数。Rz 表示轮廓的最大高度。

由于 Ra 反映轮廓的全面情况，又便于计算，可利用仪器实现自动测量，因此各国均将 Ra 作为表面粗糙度的主要评定参数。

4．表面粗糙度的符号及标注方法

（1）表面粗糙度的符号。

表面粗糙度的符号如表 3-1 所示。

表 3-1 表面粗糙度的符号

符号	意义和说明
	基本符号，表示表面可用任何方法获得。当不加注表面粗糙度参数值或有关说明（如表面处理、局部热处理状况等）时，仅适用于简化代号标注
	在基本符号上加一短横，表示表面是用去除材料的方法获得的，如车、铣、钻、磨、剪切、抛光、腐蚀、电火花加工、气割等
	在基本符号上加一小圆，表示表面是用不去除材料的方法获得的，如铸、锻、冲压变形、热轧、粉末冶金等，或者用于表示保持原供应状况的表面（包括保持上道工序的状况）
	在上述三个符号的长边上均可加一横线，用于标注有关参数和说明
	在上述三个符号上均可加一小圆，表示所有表面具有相同的表面粗糙度要求
	当参数值的数字或大写字母的高度为 2.5mm 时，表面粗糙度符号的高度取 3mm，三角形高度取 3.5mm，三角形是等边三角形。当参数值数字或者大写字母的高度不为 2.5mm 时，表面粗糙度符号和三角形的高度也将发生变化

（2）表面粗糙度符号上的附加标注。

① Ra 的标注实例如表 3-2 所示。Ra 在符号中用数值表示（单位为 μm）。

表 3-2 Ra 的标注实例

标注实例	意义
Ra 3.2	用任何方法获得的表面粗糙度，Ra 的上限值为 3.2μm
Ra 3.2	用去除材料的方法获得的表面粗糙度，Ra 的上限值为 3.2μm
Ra 3.2	用不去除材料的方法获得的表面粗糙度，Ra 的上限值为 3.2μm
U Ra 3.2 L Ra 1.6	用去除材料的方法获得的表面粗糙度，Ra 的上限值为 3.2μm，下限值为 1.6μm
Ra 3.2max	用任何方法获得的表面粗糙度，Ra 的最大值为 3.2μm
Ra 3.2max	用去除材料的方法获得的表面粗糙度，Ra 的最大值为 3.2μm
Ra 3.2max	用不去除材料的方法获得的表面粗糙度，Ra 的最大值为 3.2μm
Ra 3.2max Ra 1.6min	用去除材料的方法获得的表面粗糙度，Ra 的最大值为 3.2μm，最小值为 1.6μm

② Rz 的标注实例如表 3-3 所示。Rz 的参数代号在标注中不能省略，需在参数值前标注出相应的参数代号。

表 3-3　*Rz* 的标注实例

标注实例	意义
$\sqrt{Rz\,3.2}$	用任何方法获得的表面粗糙度，*Rz* 的上限值为 3.2μm
$\overset{\bigcirc}{\sqrt{Rz\,3.2}}$	用不去除材料的方法获得的表面粗糙度，*Rz* 的上限值为 3.2μm
$\sqrt{\begin{matrix}U\,Rz\,3.2\\L\,Rz\,1.6\end{matrix}}$	用去除材料的方法获得的表面粗糙度，*Rz* 的上限值为 3.2μm，下限值为 1.6μm
$\sqrt{\begin{matrix}U\,Rz\,3.2\\L\,Rz\,1.25\end{matrix}}$	用去除材料的方法获得的表面粗糙度，*Rz* 的上限值为 3.2μm，下限值为 12.5μm
$\sqrt{Rz\,3.2\text{max}}$	用任何方法获得的表面粗糙度，*Rz* 的最大值为 3.2μm
$\overset{\bigcirc}{\sqrt{Rz\,3.2\text{max}}}$	用不去除材料的方法获得的表面粗糙度，*Rz* 的最大值为 3.2μm
$\sqrt{\begin{matrix}U\,Rz\,3.2\text{max}\\L\,Rz\,1.6\text{min}\end{matrix}}$	用去除材料的方法获得的表面粗糙度，*Rz* 的最大值为 3.2μm，最小值为 1.6μm
$\sqrt{\begin{matrix}U\,Rz\,3.2\text{max}\\L\,Rz\,1.25\text{min}\end{matrix}}$	用去除材料的方法获得的表面粗糙度，*Rz* 的最大值为 3.2μm，最小值为 1.25μm

（3）表面粗糙度的相关说明如表 3-4 所示。

表 3-4　表面粗糙度的相关说明

表面粗糙度 *Ra*	名称	表面外观情况	获得方法举例	应用举例
	毛面	除净毛口	铸、锻、轧制等	如机床床身、主轴箱、溜板箱、尾架体等未加工的表面
50	粗面	明显可见刀痕	粗车、粗刨、粗铣等	一般的钻孔、倒角、没有要求的自由表面
25		可见刀痕		
12.5		微见刀痕		
6.3	半光面	可见加工痕迹	精车、精刨、精铣、刮研和粗磨	支架、箱体和盖等的非配合表面，一般螺栓支承面
3.2		微见加工痕迹		箱、盖、套筒要求紧贴的表面，键和键槽的工作表面
1.6		看不见加工痕迹		要求有不精确定心及配合特性的表面，如轴承配合表面、锥孔等
0.8	光面	可辨加工痕迹方向	金刚石车刀精车、精铰、拉刀和压刀加工、精磨、珩磨、研磨、抛光	要求保证定心及配合特性的表面，如支承孔、衬套、皮带轮工作面
0.4		微辨加工痕迹方向		要求能长期保证规定的配合特性的、公差等级为 7 级的孔和公差等级为 6 级的轴
0.2		不可辨加工痕迹方向		主轴的定位锥孔，$d<20$mm 的淬火精确轴的配合表面

任务二　机械零部件配合与公差

　　装配在一起的零件（如轴和孔），只有各自达到相应的技术要求后，装配在一起才能满足设计的松紧程度和工作精度要求，实现正确的功能并保证互换性。这个技术要求就是要控制零件功能尺寸的精度，控制的办法是限制零件的功能尺寸不超出设定的极限值。同时从加工的经济性方面考虑，也必须满足这一技术要求。《产品几何技术规范（GPS） 线性尺寸公差 ISO 代号体系 第 1 部分：公差、偏差和配合的基础》（GB/T 1800.1—2020）等对尺寸公差与配合分类做了基本规定。在相同规格的一批零件中任取一零件，无须选择或修配就能装在机器上，满足规定的性能要求，零件的这种性质称为互换性。零件的互换性是现代化机械工业的重要基础，既有利于装配或维修机器，又便于组织生产协作，进行高效率的专业化生产。公差与配合制度是实现互换性的一个基本条件。

1．极限相关尺寸的术语

孔和轴是机械加工中最普通、最常用的机械零部件，孔是指零件的圆柱形内表面，也包括其他内表面中由单一尺寸确定的非圆柱形内表面；轴是指零件的圆柱形外表面，也包括其他外表面中由单一尺寸确定的非圆柱形外表面。

（1）基本尺寸。

基本尺寸是指设计时给定的尺寸。它应该符合长度标准、直径标准，以减少定值刀具、量具的使用数量。它是设计者经过计算或根据经验确定的。

（2）实际尺寸。

实际尺寸是指通过测量获得的尺寸。由于存在测量误差，所以实际尺寸不一定是尺寸的真值。又由于测量误差具有随机性，多次测量同一尺寸所得的实际尺寸可能是不相同的。此外，由于被测零件有形状误差的存在，测量器具与被测零件的接触状态不同，其测量结果也是不同的。我们把两点之间测得的尺寸称为局部实际尺寸，通常所说的实际尺寸均指局部实际尺寸，即利用两点法测得的尺寸。

（3）极限尺寸。

实际尺寸与基本尺寸可以不同，但也不能相差太多，因此，必须用极限尺寸来限制实际尺寸的变动范围。极限尺寸是一个孔或轴允许的尺寸变化的两个极端值。孔或轴允许的最大尺寸称为最大极限尺寸，孔或轴允许的最小尺寸称为最小极限尺寸，最大极限尺寸和最小极限尺寸的术语图解如图 3-2 所示。

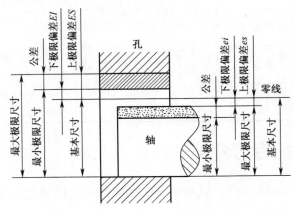

图 3-2　最大极限尺寸和最小极限尺寸的术语图解

① 最大极限尺寸是实际尺寸所允许达到的最大限度，超出这个尺寸的零件不合格。

② 最小极限尺寸是实际尺寸所允许达到的最小限度，小于这个尺寸的零件也不合格。

2．基孔制配合与基轴制配合

为了得到不同性质的配合，可以同时改变两配合零件的极限尺寸，也可以使一个零件的极限尺寸保持不变，只改变另一配合零件的极限尺寸。为了获得最大的技术经济效果，国家标准 GB/T 1800.1—2020 中规定了两种配合制度——基孔制和基轴制。

（1）基孔制。

基孔制是基本偏差一定的孔公差带与不同基本偏差的轴公差带形成各种配合的一种制度。在基孔制中，孔为基准孔，根据国家标准规定，基准孔的下极限偏差（*EI*）为零，基准轴和基准孔的上极限偏差为正值；基准孔用大写字母"H"表示，如图 3-3（a）所示。

（2）基轴制。

基轴制是基本偏差一定的轴公差带与不同基本偏差的孔公差带形成各种配合的一种制度。在基轴制中，轴为基准轴，根据国家标准规定，基准轴的代号用小写字母"h"表示，其上极限偏差（*es*）为零，如图 3-3（b）所示。

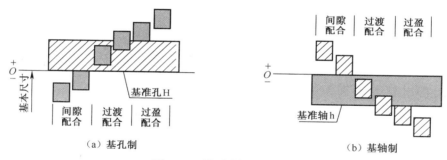

图 3-3 基孔制和基轴制

在实际生产中，选用基孔制还是基轴制，主要从机器结构、工艺要求和经济性等方面来考虑。一般情况下采用基孔制，因为加工相同等级的孔和轴时，孔的加工要比轴困难些。特别是加工小尺寸的精确孔时，需采用价格昂贵的定值刀具（如绞刀、拉刀等），该刀具的每种规格一般只用于加工一种尺寸的孔，故需求量大。若采用基孔制，则可减少刀具和量具的使用数量，用同一种刀具可以加工出不同尺寸的轴，因此采用基孔制的经济效果较好。

3．有关配合的术语

（1）间隙配合。

当孔的尺寸减去相配合的轴的尺寸所得之差为正值时，此差值称为间隙。间隙配合指具有间隙（包括最小间隙等于零）的配合，如图 3-4 所示。此时，孔公差带在轴公差带之上。由于孔、轴的实际尺寸允许在各自的公差带内变动，所以孔、轴配合的间隙也是变动的。为了得到能够正确匹配的轴和孔，要求孔和轴之间要有适当的间隙，这个间隙不能大于或小于一定的数值。因此，对于每种间隙配合要规定出最大间隙和最小间隙。

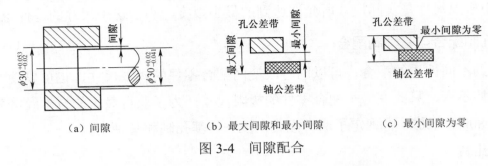

（a）间隙　　　　　　　（b）最大间隙和最小间隙　　　　　（c）最小间隙为零

图 3-4　间隙配合

① 最大间隙（X_{max}）。在间隙配合或过渡配合中，孔的最大极限尺寸与轴的最小极限尺寸之差，即当孔为最大极限尺寸，轴为最小极限尺寸时的间隙称为最大间隙。装配后的孔、轴为最松的配合状态。

② 最小间隙（X_{min}）。在间隙配合中，孔的最小极限尺寸与轴的最大极限尺寸之差，即当孔为最小极限尺寸，轴为最大极限尺寸时的间隙称为最小间隙。装配后的孔、轴为最紧的配合状态。

间隙配合有 3 个特点：①孔的实际尺寸永远大于或等于轴的实际尺寸；②孔公差带在轴公差带的上方；③允许孔、轴配合后产生相对运动。

（2）过盈配合。

当孔的尺寸减去相配合的轴的尺寸所得之差为负值时，此差值称为过盈。过盈配合指具有过盈（包括最小过盈等于零）的配合。此时，孔公差带在轴公差带之下。为了使轴和孔有满足要求的紧度，过盈不能小于一定数值，否则就得不到需要的紧度。同时，过盈也不能大于一定数值，否则装配时就需要很大的力，而且会有损坏外部零件的风险。也就是说，每一种过盈配合都必须规定出最大过盈和最小过盈。

① 最大过盈（Y_{max}）。在过盈配合或过渡配合中，孔的最小极限尺寸与轴的最大极限尺寸之差称为最大过盈，此时是孔、轴配合的最紧状态。

② 最小过盈（Y_{min}）。在过盈配合中，孔的最大极限尺寸与轴的最小极限尺寸之差称为最小过盈，此时是孔、轴配合的最松状态。

过盈配合有 3 个特点：①孔的实际尺寸永远小于或等于轴的实际尺寸；②孔公差带在轴公差带的下方；③允许孔、轴配合后使零件位置固定或传递载荷。

（3）过渡配合。

过渡配合指可能具有间隙或过盈的配合。孔和轴的实际尺寸都在公差带内，如果孔的最大极限尺寸和轴的最小极限尺寸相配，则可得到最大间隙；如果孔的最小极限尺寸和轴的最大极限尺寸相配，则可得到最大过盈。因此，这样的配合既可能是间隙配合，又可能是过盈配合，把这种配合规定为过渡配合，它是介于间隙配合和过盈配合之间的一种配合，如图 3-5 所示。

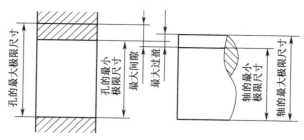

图 3-5 过渡配合

过渡配合有 3 个特点：①孔的实际尺寸可能大于或小于轴的实际尺寸；②孔公差带与轴公差带相互交叠；③孔、轴配合时，可能存在间隙，也可能存在过盈。

4．有关偏差与公差的术语

（1）偏差。

某一尺寸（如实际尺寸、极限尺寸等）减其基本尺寸所得的代数差称为偏差，可以为正数、负数或零。偏差可以分为实际偏差和极限偏差。

① 实际偏差。实际尺寸减其基本尺寸所得的代数差称为实际偏差。

② 极限偏差。极限尺寸减其基本尺寸所得的代数差称为极限偏差。

a．上极限偏差。最大极限尺寸减其基本尺寸所得的代数差称为上极限偏差。孔的上极限偏差以 ES 表示，轴的上极限偏差以 es 表示。

b．下极限偏差。最小极限尺寸减其基本尺寸所得的代数差称为下极限偏差。孔的下极限偏差以 EI 表示，轴的下极限偏差以 ei 表示。

上极限偏差和下极限偏差可以是正数、负数，也可以是 0。

当极限尺寸比基本尺寸大时，极限偏差就是正数；当极限尺寸比基本尺寸小时，极限偏差就是负数；当极限尺寸等于基本尺寸时，极限偏差就等于 0。

为了避免发生错误，如果是正偏差，就在偏差数字前注上"+"号；如果是负偏差，就在偏差数字前注上"−"号。

（2）公差。

公差是最大极限尺寸与最小极限尺寸之差或上极限偏差与下极限偏差之差，又称尺寸公差。公差是允许尺寸变动的量。公差不为零，永远是个正值。

在机械零部件的加工图纸中，基本尺寸的后面都标注出其允许的偏差。通常把上极限偏差标注在基本尺寸后的上方，把下极限偏差标注在基本尺寸后的下方。

例如，轴的直径为 $\phi40^{+0.015}_{-0.010}$，根据以上定义，我们可以清楚地将轴的尺寸分析如下。

基本尺寸为 40mm。

最大极限尺寸为 40+0.015=40.015mm。

最小极限尺寸为 40−0.010=39.990mm。

公差为 40.015−39.990=0.025mm。

上极限偏差为+0.015mm。

下极限偏差为−0.010mm。

由分析结果可知，轴的直径既不大于40.015mm，又不小于39.990mm即为合格。

（3）公差带。

由代表上极限偏差、下极限偏差或最大极限尺寸、最小极限尺寸的两条直线所限定的一个区域称为公差带，如图3-6所示。确定偏差的一条基准线称为零线。一般情况下，零线代表基本尺寸，零线之上为正偏差，零线之下为负偏差。公差带包括公差带大小与公差带位置，国家标准规定公差带的大小和位置分别由标准公差和基本偏差来确定。

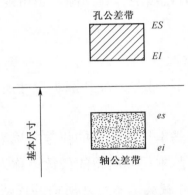

图3-6　公差带示意图

二、项目基本知识

知识点　形位公差

机械产品的质量不仅取决于零件尺寸制造的准确性，还取决于零件的表面形状和位置制造的准确性。形位公差是零件表面形状公差和位置公差的统称。形位公差是指加工成的零件的实际表面形状和位置相对于其理想表面形状和理想位置的允许变化范围。形位公差研究的对象就是零件几何要素本身的形状精度和有关要素之间的位置精度。

1．要素

要素是指构成零件几何特征的点、线和面。有的要素是实际存在的，如素线、交线、曲线、平面、圆柱面、曲面等；有的要素则是实际上不存在的，需要从其轮廓要素中取得，如中心点、球心、圆心、中心线、轴线等。

（1）轮廓要素。

轮廓要素是指零件上实际存在的面或面上的线。也就是说，轮廓要素是构成零件外形的面或面上的线。可以通俗地认为，轮廓要素是零件上可以被视觉或触觉感知的要素，所以轮廓要素主要包括各种轮廓面。轮廓要素可分为尺寸要素和非尺寸要素。尺寸要素是由一定大小的长度（线性）尺寸或角度尺寸确定的几何形状，如由直径尺寸确定的圆柱面和球面、由直径尺寸和锥角尺寸确定的圆锥面；非尺寸要素是没有尺寸的几何形状，如平面、直线等。所以，为了实现一定的功能，对尺寸要素应该规定适当的尺寸、形状、方向和位置，而对非尺寸要素则只需要规定形状、方向和位置。

（2）中心要素。

中心要素是假想的几何要素，是由一个或几个尺寸要素导出的中心点、中心线或中心面。主要用于表达其相应尺寸要素的形状、方向和位置特征。

（3）理想要素和实际要素。

具有几何学意义的要素称为理想要素，零件上实际存在的要素称为实际要素，通常以测得要素代替实际要素。

（4）被测要素。

给出了形位公差要求的要素称为被测要素。被测要素可分为单一要素和关联要素。

① 单一要素是指仅对其本身给出形状公差要求的要素。图 3-7 所示的轴线就是单一要素。

② 关联要素是指与其他要素有功能关联的要素。图 3-8 所示的基准面 A 就是关联要素。

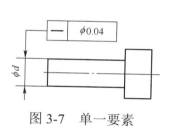

图 3-7　单一要素

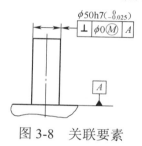

图 3-8　关联要素

（5）基准要素。

基准要素是指用来确定被测要素方向或位置关系的要素。在图 3-9 中，基准面 A 和基准面 B 所组成的要素就是基准要素。

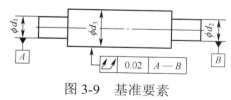

图 3-9　基准要素

（6）形状公差。

形状公差是单一实际要素的形状所允许的变动全量。

（7）位置公差。

位置公差是关联实际要素的位置对基准所允许的变动全量。位置公差分为定向公差、定位公差和跳动公差。

① 定向公差。定向公差用于控制面对面、面对线、线对面和线对线的平行度误差，包括平行度∥、垂直度⊥、倾斜度∠。被测要素分为直线和平面，被测要素和基准之间的关系为

线对线、线对面、面对线、面对面。其公差带的特点：a. 相对于基准有确定的方向；b. 具有综合控制被测要素的方向和形状的能力。

② 定位公差。定位公差是关联实际要素对具有确定位置的理想要素所允许的变动全量，用于控制点、线或面的定位误差。

③ 跳动公差。跳动公差是关联实际要素绕基准轴线回转一周或连续回转时所允许的最大变动量，可用于综合控制被测要素的形状误差和位置误差。跳动公差是针对特定的测量方式规定的公差项目。

2. 符号表示法

国家标准规定了为保证产品质量所需要的各项形状公差和位置公差，并规定了形位公差和尺寸公差之间关系的表示符号及标注方法。

（1）形位公差的分类。

形位公差分为形状公差和位置公差两大类。形状公差是对单一实际要素的要求，它包括直线度、平面度、圆度、圆柱度等。位置公差是对关联实际要素的要求，它包括定向公差、定位公差及跳动公差。定向公差包括平行度、垂直度和倾斜度；定位公差包括位置度、同轴（同心）度和对称度；跳动公差包括圆跳动和全跳动。对于线轮廓度和面轮廓度，若无基准要求，则其属于形状公差；若有基准要求，则其属于位置公差。

（2）形位公差的符号。

形位公差的符号如表 3-5 所示。

表 3-5　形位公差的符号

分类	项目	符号	分类		项目	符号
形状公差	直线度	—	位置公差	定向公差	平行度	//
	平面度	▱			垂直度	⊥
	圆度	○			倾斜度	∠
	圆柱度	⌀̸		定位公差	同轴度	◎
	线轮廓度	⌒			对称度	=
					位置度	⊕
	面轮廓度	⌓		跳动公差	圆跳动	↗
					全跳动	↗↗

（3）框格标注法。

在技术图样中，用形位公差代号标注零件的形位公差要求能更好地表达设计意图，严格地标注出完整的内容，使工艺、检测有统一的理解。我国采用的符号和标注方法与国际一致。

框格的组成：在技术图样上，形位公差代号是用矩形方框（在其相应的小格中标出公差特征符号、公差值及有关符号、基准符号及附加符号）和带箭头的指引线表示的（见图3-10）。矩形方框由2～5格的小方框组成。框格中从左到右填写的内容：第一格为公差特征符号，如⊥；第二格为公差值及有关符号；第三格到第五格为基准符号及附加符号，用一个或者多个字母表示基准要素或基准体系。

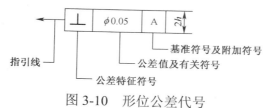

图 3-10 形位公差代号

项目学习评价

一、思考练习题

（1）表面粗糙度的主要评定参数有哪两项？

（2）已知基本尺寸为 $\phi 50mm$ 的轴，其最小极限尺寸为 $\phi 49.98mm$，公差为 0.01mm，试计算它的上极限偏差和下极限偏差分别是多少？

（3）简述过渡配合、过盈配合和间隙配合的区别。

二、项目评价

（1）根据表3-6中的项目评价内容进行自评、互评、教师评。

表 3-6 项目评价表

评价方面	项目评价内容	分值/分	自评	互评	教师评	得分/分
理论知识	① 表面粗糙度的概念	10				
	② 表面粗糙度的正确标注方法	10				
	③ 基孔制和基轴制配合的概念	10				
	④ 形位公差的正确标注方法	10				
实操技能	① 识读机械加工图纸中表面粗糙度的含义	15				
	② 识读机械加工图纸中形位公差的含义	10				
	③ 掌握表面粗糙度和形位公差在加工操作中的含义	20				
安全文明生产和职业素质培养	① 学习努力	5				
	② 积极肯干	5				
	③ 按规范进行操作	5				

（2）根据表3-7中的评价内容进行自评、互评、教师评。

表3-7　小组学习活动评价表

班级：_____　　小组编号：_____　　成绩：_____

评价项目	评价内容及分值			自评	互评	教师评
分工合作	优秀（12～15分）	良好（9～11分）	继续努力（9分以下）			
	小组成员分工明确，任务分配合理，有小组分工职责明细表	小组成员分工较明确，任务分配较合理，有小组分工职责明细表	小组成员分工不明确，任务分配不合理，无小组分工职责明细表			
获取信息	优秀（12～15分）	良好（9～11分）	继续努力（9分以下）			
	能使用适当的搜索引擎从网络等多种渠道获取信息，并合理地选择信息、使用信息	能从网络或其他渠道获取信息，并较合理地选择信息、使用信息	能从网络或其他渠道获取信息，但信息选择不正确，信息使用不恰当			
实操技能	优秀（16～20分）	良好（12～15分）	继续努力（12分以下）			
	能按技能目标要求规范完成每项实操任务，能准确识读机械加工图纸中形位公差及表面粗糙度的含义	能按技能目标要求规范完成每项实操任务，但不能准确识读机械加工图纸中形位公差的含义或不能准确识读机械加工图纸中表面粗糙度的含义	能按技能目标要求完成每项实操任务，但规范性不够；不能准确识读机械加工图纸中形位公差及表面粗糙度的含义			
基本知识分析讨论	优秀（16～20分）	良好（12～15分）	继续努力（12分以下）			
	讨论热烈、各抒己见，概念准确、思路清晰、理解透彻，逻辑性强，并有自己的见解	讨论没有间断、各抒己见，分析有理有据，思路基本清晰	讨论能够展开，分析有间断，思路不清晰，理解不透彻			
成果展示	优秀（24～30分）	良好（18～23分）	继续努力（18分以下）			
	能很好地理解项目的任务要求，成果展示的逻辑性强，能熟练地利用信息技术（如互联网、显示屏等）进行成果展示	能较好地理解项目的任务要求，成果展示的逻辑性较强，能较熟练地利用信息技术（如互联网、显示屏等）进行成果展示	基本理解项目的任务要求，成果展示停留在书面和口头表达，不能熟练地利用信息技术（如互联网、显示屏等）进行成果展示			
总分						

项目小结

　　加工方法、机床精度、夹具精度和刚度、刀具的几何参数和磨损情况、切削用量、切屑分离的塑性变形、工艺系统中存在的振动等都会影响零件的表面粗糙度。因此，应该针对各种影响零件表面粗糙度的因素，合理选择加工方法，以获得符合要求的表面粗糙度。

　　装配在一起的零件（如轴和孔），只有各自达到相应的技术要求后，装配在一起才能满足设计的松紧程度和工作精度要求，实现正确的功能并保证互换性。这个技术要求就是要控制零件功能尺寸的精度。

在实际生产中，选用基孔制还是基轴制，主要从机器结构、工艺要求和经济性等方面来考虑。一般情况下采用基孔制，因为加工相同等级的孔和轴时，孔的加工要比轴困难些。特别是加工小尺寸的精确孔时，需采用价格昂贵的定值刀具（如绞刀、拉刀等），该刀具的每种规格一般只用于加工一种尺寸的孔，故需求量大。若采用基孔制，则可减少刀具和量具的使用数量。而用同一种刀具可以加工出不同尺寸的轴，因此采用基孔制的经济效果较好。

综上所述，为了更好地夯实钳工技术基本功，在本项目中必须做到以下几点。

（1）理解表面粗糙度的概念。

（2）理解基孔制和基轴制的概念。

（3）了解如何选用基孔制和基轴制。

（4）熟练掌握形位公差的正确标注方法。

（5）熟练掌握表面粗糙度的正确标注方法。

本项目中涉及的国家标准如下。

①《技术制图　图纸幅面和格式》（GB/T 14689—2008）。

②《滚动轴承　深沟球轴承　外形尺寸》（GB/T 276—2013）。

③《滚动轴承　推力球轴承　外形尺寸》（GB/T 301—2015）。

④《产品几何技术规范（GPS）　表面结构　轮廓法　术语、定义及表面结构参数》（GB/T 3505—2009）。

⑤《产品几何技术规范（GPS）　表面结构　轮廓法　表面粗糙度参数及其数值》（GB/T 1031—2009）。

⑥《产品几何技术规范（GPS）　技术产品文件中表面结构的表示法》（GB/T 131—2006）。

⑦《产品几何技术规范（GPS）　几何公差　形状、方向、位置和跳动公差标注》（GB/T 1182—2018）。

⑧《一般公差　未注公差的线性和角度尺寸的公差》（GB/T 1804—2000）。

项目四　测量量具的认知与使用

教学辅助微视频

🔹 项目情境创设

为了确保零件和产品的质量，必须对加工完毕的零件进行严格的测量。掌握正确的测量方法并读取准确的测量数据是钳工完成加工工作的重要保障。

🔹 项目学习目标

	学习目标	学习方式	学时
技能目标	① 熟悉钳工常用的测量量具； ② 掌握用不锈钢直尺、游标卡尺、千分尺、百分表测量零件的操作方法； ③ 掌握各种测量量具的读数方法	实训操作	2
知识目标	① 熟悉各种测量量具的结构； ② 掌握各种测量量具的读数原理	理论讲授、实训操作	2
素养目标	① 通过网络查询各种测量量具，提高对测量量具的认识； ② 通过小组讨论，提高获取信息的能力； ③ 通过相互协作，树立团队合作意识	网络查询、小组讨论、相互协作	课余时间

🔹 项目任务分析

本项目通过对测量量具的介绍，使同学们更好地掌握钳工技术中测量知识和测量量具的读数方法。只有检测合格的零件，才能装配出合格的机械设备。

一、项目基本技能

任务一　钳工常用测量量具的认知

钳工常用的测量量具如表 4-1 所示。

表 4-1　钳工常用的测量量具

序号	名称	图示	使用说明
1	不锈钢直尺		用于准确度要求不高的场合，有 150mm、300mm、500mm、1000mm 四种规格
2	厚薄尺		厚薄尺又称塞尺，用于检测两贴合面的间隙值。它由一组薄钢片组成，其厚度为 0.03～0.3mm。测量时将厚薄尺直接塞进间隙，当一片或数片（叠合）薄钢片能进入两贴合面之间时，则一片或数片薄钢片的厚度（可由每片薄钢片上的标记得到）即为两贴合面的间隙值。使用厚薄尺时，必须先擦拭干净零件和尺面，测量时不能用力太大，以免薄钢片弯曲或折断
3	刀口角尺		用于采用光隙法和痕迹法检测小型平面的平面度和直线度，间隙大时可用厚薄尺测量出间隙值
4	游标卡尺	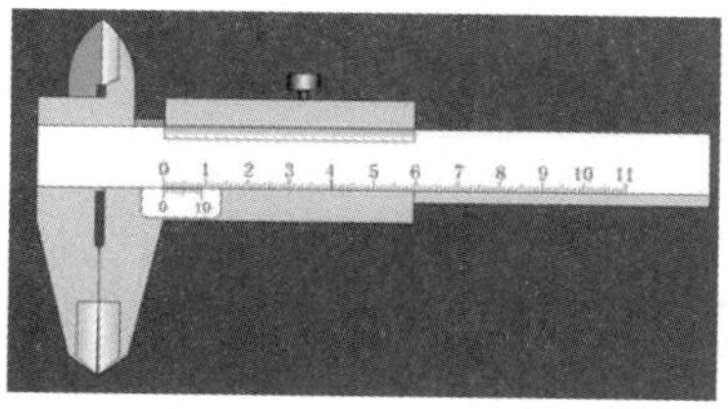	① 用于准确度要求高的场合； ② 有 0.1mm、0.05mm、0.02mm 三种测量精度； ③ 常用游标卡尺的测量范围有 0～125mm、0～200mm、0～300 mm 三种规格； ④ 可直接用于测量零件的外径、内径、长度、宽度、深度和孔距
5	千分尺	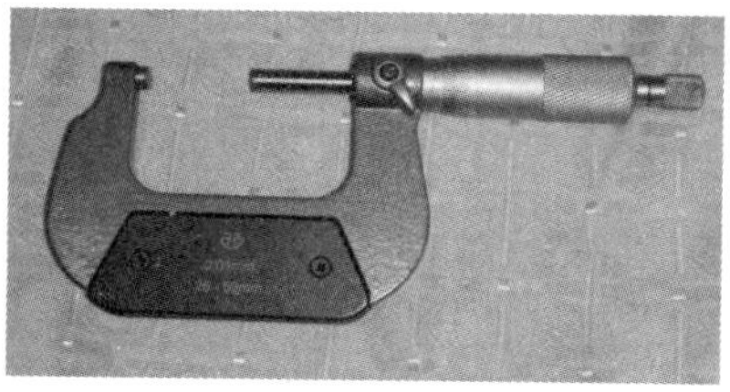	① 用于准确度要求高的场合； ② 有 0.1mm、0.05mm、0.02mm、0.01mm 四种测量精度； ③ 常用千分尺的测量范围有 0～125mm、0～200mm、0～300 三种规格； ④ 可直接用于测量零件的外径和长度

机械常识与钳工实训

续表

序号	名称	图示	使用说明
6	百分表	   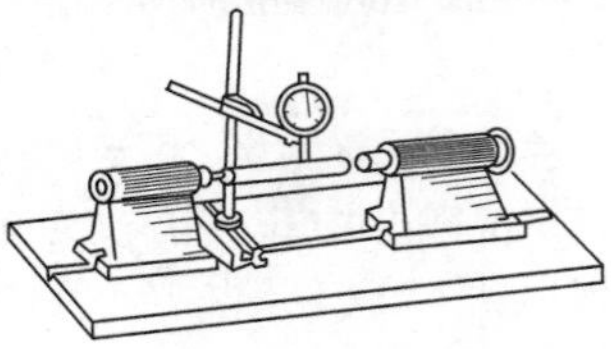	① 用于测量零件的外径、内径，以及平面的精度与形状精度，如平面度、内圆度、外圆度； ② 百分表要与磁性表座和表架杆配合起来使用。当百分表被固定在表架杆上时，先将百分表通过滑动调节定位后，再将调节旋钮拧紧； ③ 使用时应注意以下几点： a.当百分表的测头对准被测面时，转动表盘使长指针对准零位，并且将手提柄向上提几次，观察长指针是否回零；如果长指针未回零，可以重复此项操作，直到长指针回零为止； b.测量平面时，百分表的测头应与平面垂直； c.测量圆柱形零件时，百分表的测头应与圆柱形零件的中心线垂直

任务二　用不锈钢直尺测量零件

用不锈钢直尺测量零件的步骤和方法如表 4-2 所示。

表 4-2　用不锈钢直尺测量零件的步骤和方法

序号	项目	图示	步骤和方法
1	检查不锈钢直尺		① 检查刻度及刻度端面的磨损情况； ② 检查角的磨损情况
2	用 V 形铁和不锈钢直尺测量薄板尺寸	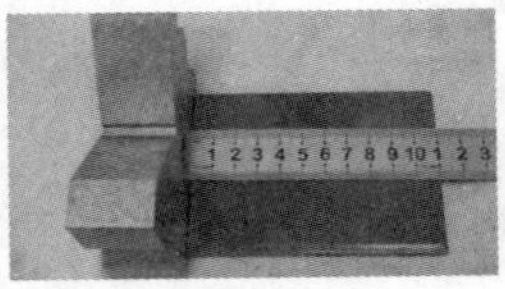	测量时，将 V 形铁、不锈钢直尺与薄板的接触面紧紧贴在一起，以减小尺寸误差，同时注意由视角引起的误差
3	用角铁和不锈钢直尺测量圆棒尺寸		测量时，将角铁、不锈钢直尺与圆棒的接触面紧紧贴在一起，以减小尺寸误差
4	用不锈钢直尺测量铁块尺寸	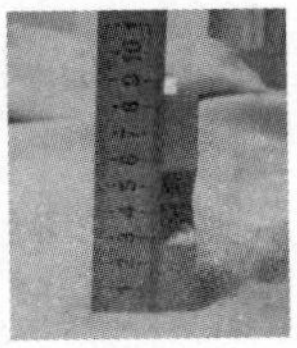	测量时，将铁块、不锈钢直尺与平板的接触面紧紧贴在一起，以减小尺寸误差，同时注意由视角引起的误差

64

任务三 用游标卡尺测量零件

（1）用游标卡尺测量零件的步骤和方法如表 4-3 所示。

表 4-3 用游标卡尺测量零件的步骤和方法

序号	项目	图示	步骤和方法
1	检查游标卡尺	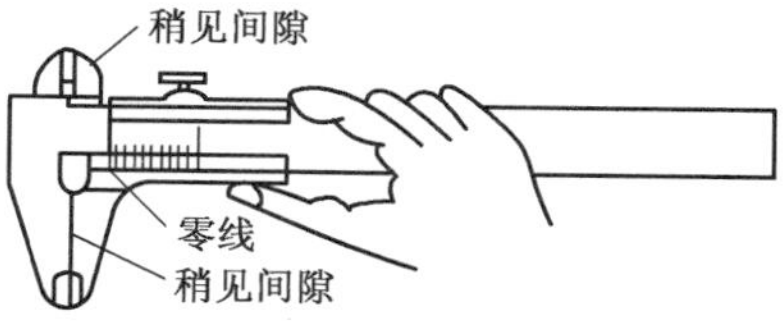 稍见间隙 零线 稍见间隙	① 松开紧固螺钉； ② 用棉纱将滑动面与测量面擦干净，并检查有无缺陷； ③ 将两卡爪合拢，对着光检查内卡爪和外卡爪是否有间隙；检查主尺与副尺刻度线是否对齐
2	测量零件的长度		① 将零件放在外卡爪之间； ② 首先，左手拿住主尺卡爪，右手的大拇指、食指拿住副尺卡爪，滑动副尺，使零件与卡爪接触的松紧度适当，用右手拧紧紧固螺钉；然后，取下游标卡尺，进行读数； ③ 对于小零件，可以用左手直接拿着零件，右手滑动副尺，直接读数
3	测量零件的外径	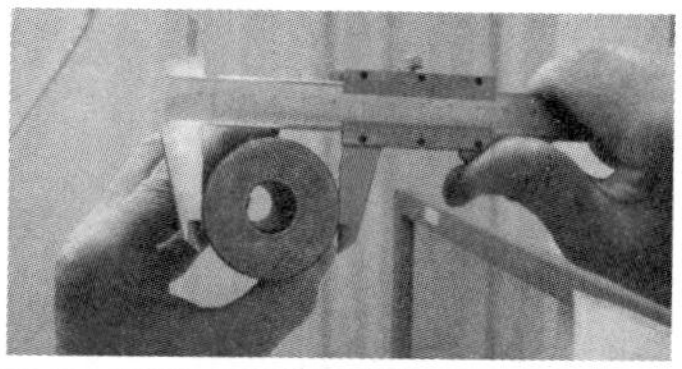	① 将零件放在外卡爪之间； ② 首先，左手拿住主尺卡爪，右手的大拇指、食指拿住副尺卡爪，滑动副尺，使零件与卡爪接触的松紧度适当，用右手拧紧紧固螺钉；然后，取下游标卡尺，进行读数
4	测量零件的内径	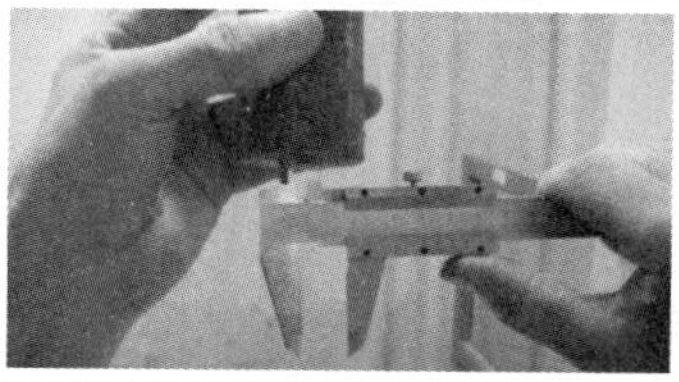	① 将零件放在内卡爪之间； ② 首先，左手拿住零件，右手的大拇指、食指拿住副尺卡爪，滑动副尺，使零件与卡爪接触的松紧度适当；然后，取下游标卡尺，用右手拧紧紧固螺钉，进行读数
5	测量零件的深度	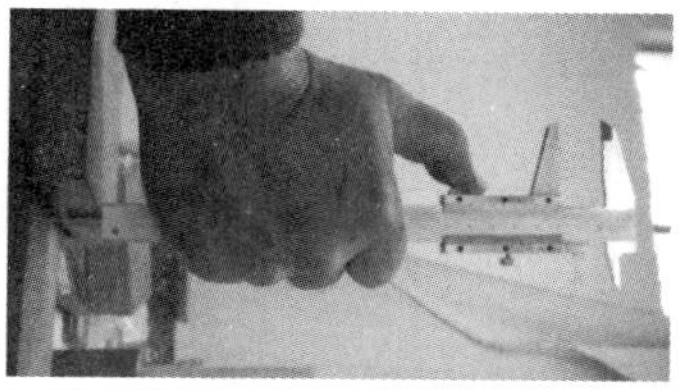	① 将零件放在深浅尺之间； ② 首先，左手拿住零件，右手的大拇指、食指拿住副尺卡爪，滑动副尺，使零件与深浅尺接触的松紧度适当，用右手拧紧紧固螺钉；然后，取下游标卡尺，进行读数

（2）读数方法。

以测量精度为 0.02mm 的游标卡尺为例对读数方法进行介绍。用游标卡尺测量零件前，主尺与副尺的零线是对齐的，测量时，副尺相对主尺向右移动。读数可分为 3 个步骤。

① 根据副尺零线以左的主尺上的最近刻度读出整毫米数 A。

② 根据副尺零线以右与主尺上的刻度线对齐的刻度数 B 乘以 0.02 读出小数。

③ 将整数和小数两部分加起来，即为总尺寸 L。

$$L=A+0.02\times B$$

如图 4-1 所示，副尺零线以左的主尺上的最近刻度值为 64mm，副尺零线后的第 9 条线与主尺的一条刻度线对齐。副尺零线后的第 9 条线表示 0.02×9=0.18mm，所以被测零件的尺寸为

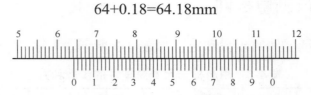

64+0.18=64.18mm

图 4-1　0.02mm 游标卡尺的读数方法

任务四　用千分尺测量零件

用千分尺测量零件的步骤和方法如表 4-4 所示。

表 4-4　用千分尺测量零件的步骤和方法

序号	项目	图示	步骤和方法
1	检查千分尺		① 用棉纱将滑动面与测量面擦干净，并检查有无缺陷； ② 松开止动锁，将测试棒置于两测量面之间； ③ 转动棘轮，一是检查测量杆转动的情况；二是使两测量面贴合，直到棘轮打滑为止，检查零线位置是否准确
2	测量零件的直径		左手拿住弓架，右手转动微分筒，使其开度比零件的尺寸稍大，将零件置于两测量面之间，转动棘轮，直到棘轮打滑为止，进行读数
3	测量零件的长度		左手拿住弓架，右手转动微分筒，使其开度比零件的尺寸稍大，将零件置于两测量面之间，转动棘轮，直到棘轮打滑为止，进行读数
4	读数		用千分尺测量零件时，可以直接读数。若不能直接读数，则可先拧紧止动锁，使测量杆固定，再轻轻取下千分尺，然后读取刻度值。 ① 读出微分筒左侧主尺上的刻度值，左图中主尺上的刻度值为 14.5mm； ② 读出微分筒副尺上与主尺对齐的刻度线表示的小数，左图中的小数为 0.18mm； ③ 将两数相加，即可得到完整读数，左图中的读数为 14.5+0.18=14.68mm

任务五　用百分表测量零件

百分表是一种精度较高的测量量具，它只能测出相对数值，不能测出绝对数值，主要用于测量形状公差和位置公差，也可用于在机床上安装零件时的精密找正。用百分表测量零件的步骤和方法如表 4-5 所示。

表 4-5　用百分表测量零件的步骤和方法

序号	项目	图示	步骤和方法
1	百分表的结构与原理	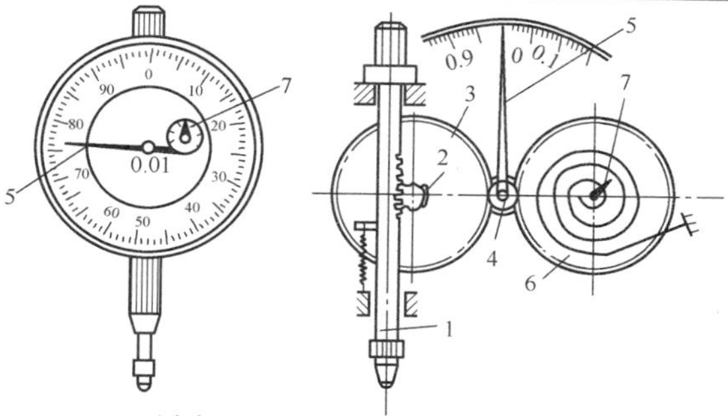 （a）百分表　　（b）传动原理 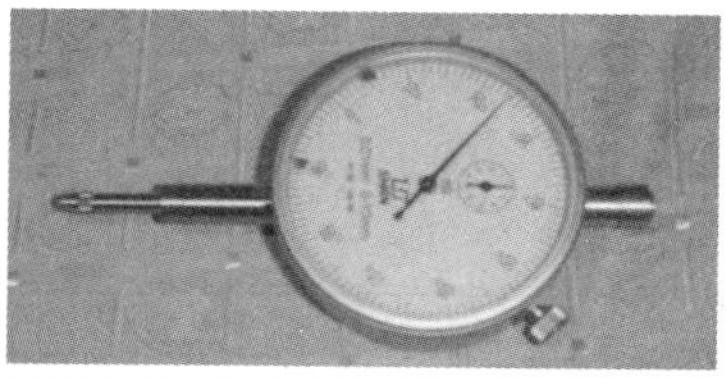	百分表与千分表的结构与原理一样。当测量杆移动 1mm 时，这一移动量通过齿条、轴齿轮 1、齿轮和轴齿轮 2 放大后传递给安装在轴齿轮 2 上的指针，使指针转动一圈。若圆刻度盘沿圆周印有 100 个等分刻度，每一刻度表示 0.01mm，则这种表式测量工具称为百分表。若增加齿轮放大机构的放大比，使圆刻度盘上的每一刻度表示 0.001mm 或 0.002mm（圆刻度盘上有 200 个或 100 个等分刻度），则这种表式测量工具称为千分表。二者的原理是相同的
2	用百分表测量平面度、平行度和直线度等形位公差		① 按照表 4-1 中百分表的固定方法和要求对百分表进行固定； ② 将磁性表座从前移到后，从左移到右。读出数据，并且记录数据（注意：每次测量前，表盘零刻度都应该对准指针）； ③ 百分表的读数精度为 0.01mm。 百分表的读数方法：先读小指针指向的刻度值（整数部分），再读大指针指向的刻度值，并将读出的刻度值乘以 0.01，即可得到小数部分；最后将整数部分和小数部分相加，即得到所测量的数值
3	测量零件的圆度、圆跳动	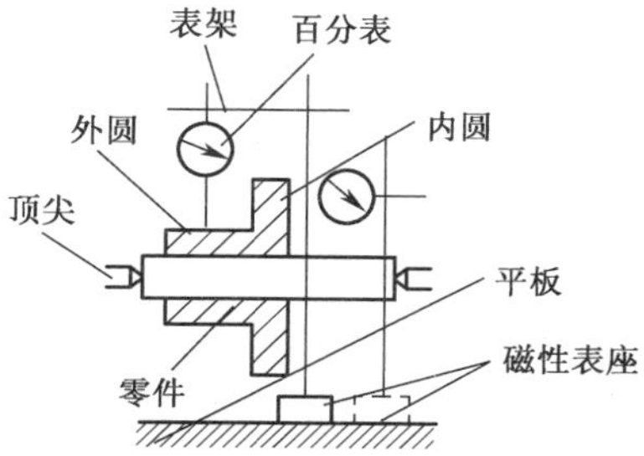 检查外圆对内圆的跳动	① 将零件放在测量平台上，用顶尖使其保持水平； ② 调整百分表的夹针或插针，将其固定在零件的圆柱体上； ③ 开始测量，使圆柱体旋转，测量圆周直径的差异，观察百分表指针的变化情况，读出跳动值； ④ 测量完成后，记录测量结果并进行误差分析。 测量零件圆度的步骤与圆的找正步骤相同
4	找正零件	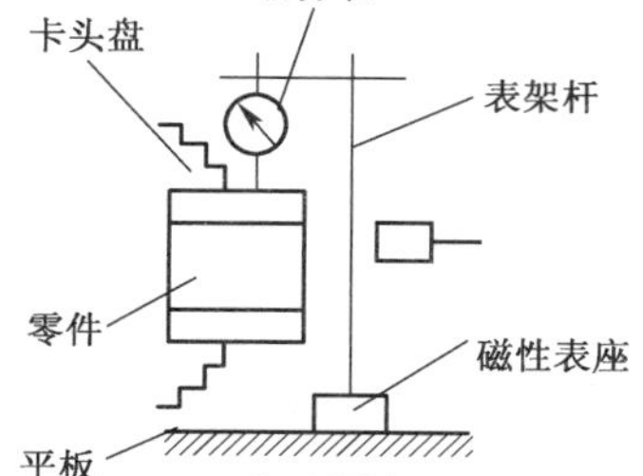 找正外圆	① 将零件夹紧在卡头盘上； ② 调整百分表的夹针或插针，将其固定在零件的圆柱体上； ③ 使圆柱体旋转，测量圆周直径的差异，观察百分表指针的变化情况，读出跳动值，跳动值越小越好

二、项目基本知识

知识点一　游标卡尺的结构和读数原理

1．游标卡尺的结构

游标卡尺主要由主尺、副尺、紧固螺钉和深浅尺组成，如图 4-2 所示。副尺、紧固螺钉和深浅尺在主尺上滑动。

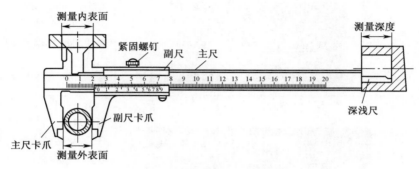

图 4-2　游标卡尺的结构

表 4-6 所示为游标卡尺的主要部件及其刻度或用途。

表 4-6　游标卡尺的主要部件及其刻度或用途

主要部件	刻度或用途
主尺	最小刻度为 1mm/格
主、副尺卡爪	用于内径、外径、外长度的测量
紧固螺钉	固定副尺
副尺	格数确定其分度，最小刻度为 0.98mm/格
深浅尺	深度（内长度）的测量

2．游标卡尺的分类和读数原理

游标卡尺由主尺和附在主尺上能滑动的副尺（游标）两部分构成，副尺上有 10、20 或 50 个分格等。根据分格的不同，游标卡尺可分为十分度游标卡尺、二十分度游标卡尺、五十分度游标卡尺等。

游标卡尺是基于主尺和副尺上的刻度间距差异来实现精确测量的。游标卡尺的读数原理是根据主尺的读数和副尺的读数来得到最终的测量值。具体来说，游标卡尺利用主尺上的刻线间距和副尺上的刻线间距之差来读出小数部分。

3．游标卡尺的测量精度

以测量精度为 0.02mm 的精密游标卡尺为例，主尺上的刻度以 mm 为单位，每 10 格分别标以 1、2、3、……，以表示 10mm、20mm、30mm、……。这种游标卡尺的副尺刻度是把主尺刻度 49mm 的长度分为 50 等份，即每格为 49/50=0.98 mm。主尺刻度和副尺刻度之间每格相差 1–0.98=0.02mm，即测量精度为 0.02mm。

4. 注意事项和维护保养要求

① 注意事项：a. 放正游标卡尺；b. 用力适度；c. 视线垂直；d. 防止松动；e. 勿测毛面。

② 维护保养要求：a. 用完后，擦净、上油，放置于专用盒子中；b. 不能用砂布或普通磨料擦尺面与卡爪上的锈迹、污物；c. 用完后，合拢卡爪与深浅尺，防止变形或折断。

知识点二　千分尺的结构和原理

千分尺的读数机构由主尺（固定套筒）和微分筒（活动套筒）组成，主尺上有上、下两排刻度线，每小格刻度为 1mm，相互错开 0.5mm。测微螺杆的螺距为 0.5mm，与测微螺杆固定在一起的微分筒的外圆周上有 50 等分的刻度。微分筒转一周，测微螺杆轴向移动 0.5mm。若微分筒只转一格，则测微螺杆的轴向位移为 0.5/50=0.01 mm。

这样，测微螺杆轴向位移的小数部分就可根据微分筒上的刻度值读出。由此可见，微分筒上的刻度线用于读出 0.01～0.5mm 的数值（0.01mm 以下的值可凭经验估出）。

知识点三　百分表的应用和注意事项

1. 百分表的应用

百分表可用来精确测量零件圆度、圆跳动、平面度、平行度和直线度等形位公差，也可用来找正零件，如表 4-5 所示。

2. 使用百分表的注意事项

① 使用前，应检查测量杆的灵活性。当轻轻推动测量杆时，测量杆在套筒内的移动应灵活，没有卡滞现象，每次手松开后，指针能回到原来的刻度位置。

② 使用时，必须把百分表固定在可靠的表架杆上，切不可贪图省事，随便夹在不稳固的地方，否则容易造成测量结果不准确或摔坏百分表。

③ 测量时，不要使测量杆的行程超过其测量范围，不要使表头突然撞到零件上，也不要用百分表测量表面粗糙或凹凸不平的零件。

④ 测量平面时，测量杆要与平面垂直；测量圆柱形零件时，测量杆要与零件的中心线垂直，否则，将使测量杆不灵活或测量结果不准确。

⑤ 为了方便读数，在测量前通常使大指针指向刻度盘的零位。

⑥ 百分表不用时，应使测量杆处于自由状态，以免使表内弹簧失效。

项目学习评价

一、思考练习题

（1）将图 4-3 和图 4-4 中的测量结果读出并记录，对测量结果进行比较。

图 4-3　游标卡尺的刻度

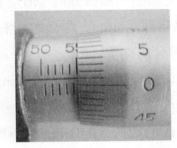

图 4-4　千分尺的刻度

（2）简述游标卡尺的读数原理。

（3）简述使用百分表的注意事项。

二、项目评价

（1）根据表 4-7 中的项目评价内容进行自评、互评、教师评。

表 4-7　项目评价表

评价方面	项目评价内容	分值/分	自评	互评	教师评	得分/分
理论知识	① 游标卡尺的结构和读数原理	5				
	② 千分尺的结构和原理	5				
	③ 百分表的结构和原理	5				
实操技能	① 游标卡尺的测量方法	15				
	② 游标卡尺的读数方法	15				
	③ 千分尺的测量及读数方法	15				
	④ 百分表的线性尺寸测量	5				
	⑤ 百分表的形位公差测量	10				
安全文明生产和职业素质培养	① 出勤情况	5				
	② 车间纪律	5				
	③ 团队协作精神	5				
	④ 测量量具的摆放和维护	5				
	⑤ 工位的卫生情况	5				

（2）根据表 4-8 中的评价内容进行自评、互评、教师评。

表 4-8　小组学习活动评价表

班级：＿＿＿＿＿＿＿＿＿　　小组编号：＿＿＿＿＿＿＿＿＿　　成绩：＿＿＿＿＿

评价项目	评价内容及分值			自评	互评	教师评
分工合作	优秀（12～15 分）	良好（9～11 分）	继续努力（9 分以下）			
	小组成员分工明确，任务分配合理，有小组分工职责明细表	小组成员分工较明确，任务分配较合理，有小组分工职责明细表	小组成员分工不明确，任务分配不合理，无小组分工职责明细表			
获取信息	优秀（12～15 分）	良好（9～11 分）	继续努力（9 分以下）			
	能使用适当的搜索引擎从网络等多种渠道获取信息，并合理地选择信息、使用信息	能从网络或其他渠道获取信息，并较合理地选择信息、使用信息	能从网络或其他渠道获取信息，但信息选择不正确，信息使用不恰当			
实操技能	优秀（16～20 分）	良好（12～15 分）	继续努力（12 分以下）			
	能按技能目标要求规范完成每项实操任务，能准确说明游标卡尺、千分尺的使用方法，正确读出测量值	能按技能目标要求规范完成每项实操任务，但不能准确说明游标卡尺、千分尺的使用方法或不能正确读出测量值	能按技能目标要求完成每项实操任务，但规范性不够；不能准确说明游标卡尺、千分尺的使用方法，不能正确读出测量值			
基本知识分析讨论	优秀（16～20 分）	良好（12～15 分）	继续努力（12 分以下）			
	讨论热烈、各抒己见，概念准确、思路清晰、理解透彻，逻辑性强，并有自己的见解	讨论没有间断、各抒己见，分析有理有据，思路基本清晰	讨论能够展开，分析有间断，思路不清晰，理解不透彻			
成果展示	优秀（24～30 分）	良好（18～23 分）	继续努力（18 分以下）			
	能很好地理解项目的任务要求，成果展示的逻辑性强，能熟练地利用信息技术（如互联网、显示屏等）进行成果展示	能较好地理解项目的任务要求，成果展示的逻辑性较强，能较熟练地利用信息技术（如互联网、显示屏等）进行成果展示	基本理解项目的任务要求，成果展示停留在书面和口头表达，不能熟练地利用信息技术（如互联网、显示屏等）进行成果展示			
总分						

项目小结

测量是利用合适的测量工具（仪器或仪表）确定某个给定对象在某个给定属性上的量的过程，作为测量结果的量通常用数值表示。该数值是在一个给定的量纲或尺度系统下，由属性的量和测量单位的比值决定的。

测量的 5 个要素（测量工具、测量对象、计量单位、测量方法和测量准确度）有如下要求。

（1）测量工具：各个专业都有其使用的测量工具（仪器或仪表），本项目中主要指钳工常用的测量工具，如千分尺、不锈钢直尺、游标卡尺等。

（2）测量对象：主要指几何量，包括长度、角度、表面粗糙度及形位公差等。由于几何量的种类繁多，被测零件的形状又各式各样，因此必须对它们的特性、定义，以及标准等加以研究和熟悉，以便进行测量。

（3）计量单位：国务院于 1977 年 5 月 27 日发布的《中华人民共和国计量管理条例（试行）》第三条规定：我国的基本计量制度是米制（即"公制"），逐步采用国际单位制。1984 年 2 月 27 日，国务院发布《国务院关于在我国统一实行法定计量单位的命令》，要求我国的计量单位一律采用《中华人民共和国法定计量单位》。

（4）测量方法：指在进行测量时所用的按类叙述的一组操作逻辑次序。就几何量的测量而言，其是指根据被测参数的特点，如公差值、体积、质量、材质、数量等，分析、研究该参数与其他参数的关系，最后确定的对该参数进行测量的操作方法。

（5）测量准确度：指测量结果与实际值的一致程度。由于所有测量过程都不可避免地会出现测量误差，测量误差越大说明测量结果离实际值越远，准确度越低。因此，准确度和误差是两个相对的概念。由于存在测量误差，所以测量结果都以一个近似值来表示。

项目五　划线加工

教学辅助微视频

项目情境创设

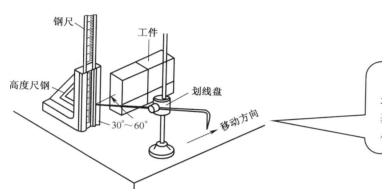

钢尺
工件
高度尺钢
划线盘
移动方向
30°~60°

> 划线是根据图样或实物的尺寸，准确地在工件表面划出加工界限或划出作为基准的点、线的操作方法，一般在单件或小批量生产中使用。

项目学习目标

	学习目标	学习方式	学时
技能目标	① 认识常用的划线工具； ② 掌握常用划线工具的使用方法； ③ 了解立体划线的操作方法	实训操作	3
知识目标	① 熟悉划线的准备工作； ② 熟悉划线操作的分类； ③ 掌握划线基准的选择	理论讲授、实训操作	3
素养目标	① 通过网络查询各种划线工具，了解划线工具的使用方法，提高对划线加工的认识； ② 通过小组讨论，提高获取信息的能力； ③ 通过相互协作，树立团队合作意识	网络查询、小组讨论、相互协作	课余时间

项目任务分析

　　本项目意在通过对划线加工的介绍，使学生掌握常用划线工具的使用方法，熟悉划线的准备工作，掌握划线基准的选择，了解立体划线的操作方法。

项目基本功

一、项目基本技能

任务一　常用划线工具的认知和使用

　　常用的划线工具有划针、划规、划卡、划线盘、方箱、划线平板、样冲和测量量具等，如表 5-1 所示。

表 5-1　常用的划线工具

序号	类别	名称或项目	图示	说明
1	绘划工具	划针	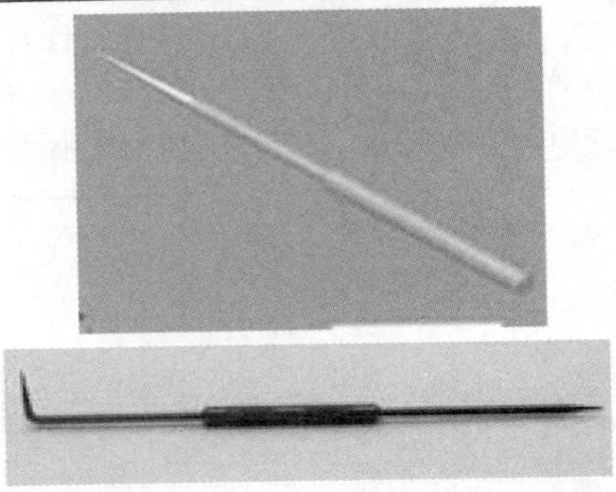	划针是在工件表面划线用的工具，常用的划针是通过将工具钢或弹簧钢尖端磨锐制成的（部分划针的尖端部位焊接硬质合金），直径为 3～6mm。划针的使用方法是将划针倾斜 20°～25°，尖端紧靠尺端面，均匀用力，一次画准。划线的误差为 0.25～0.5mm
2		划规	 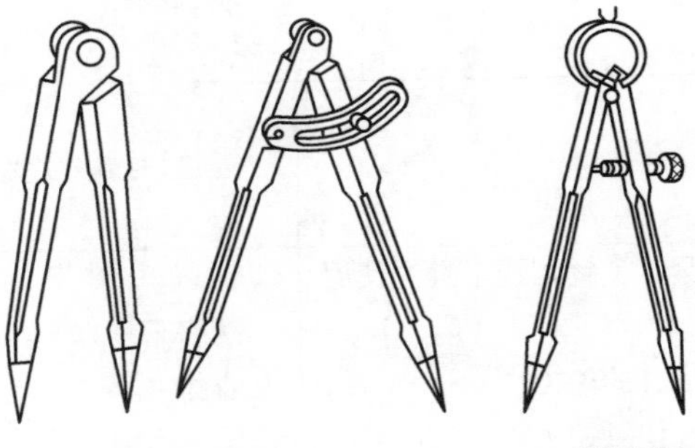 （a）普通划规　　（b）弹簧划规	钳工用的划规可分为普通划规和弹簧划规，常用的是普通划规。划规用中碳钢或工具钢制成，两脚尖端经过淬火硬化。它是用于划圆或弧线、等分线段及量取尺寸等的工具。它的用法与制图的圆规相似。使用时，作为旋转中心的一脚应加以较大的压力，另一脚以较轻的压力在工件表面上画出圆弧，这样可使中心不滑移
3		划卡	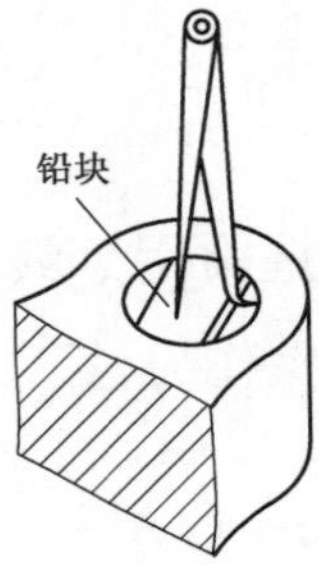  铅块	划卡又称单脚划规，主要用于确定轴和孔的中心位置

续表

序号	类别	名称或项目	图示	说明
4		划线盘		划线盘主要用于立体划线和校正工件的位置。它由底座、立杆、划针和锁紧装置等组成。其中，划针尖焊接硬质合金，在砂轮上将划针磨成 $\phi 0.25 \sim \phi 0.4$mm 的尖状，以保证划线的精度
5	支撑工具	方箱		方箱是由铸铁制成的空心立方体，相邻的两个面均互相垂直。方箱用于夹持、支承尺寸较小而加工面较多的工件。通过翻转方箱，便可在工件表面划出互相垂直的线条。方箱还可用于垫平一些不规则的工件
6		划线平板		划线平板由铸铁制成，整个平面是划线的基准平面，应非常平整和光洁。使用时要注意以下 3 点。 ① 安放划线平板时，应平稳牢固，上平面应保持水平； ② 划线平板不可碰撞或用锤敲击，以免使其精度降低； ③ 长期不用时，应涂油防锈，并加盖保护罩
7	样冲	样冲的结构		样冲由工具钢制成，并经过淬火硬化。通常划线后要用样冲在线条上冲出小而均匀的冲眼，以便划线模糊后仍能找到原划线的位置。钻孔或划圆时也用样冲冲出圆心，在划圆和钻孔前应在其中心打样冲眼，便于划规尖或钻头对准圆心
		样冲的角度	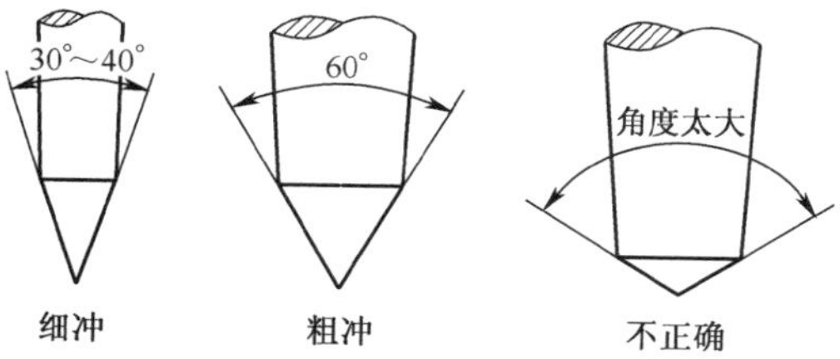	细冲、粗冲和不正确的样冲角度如左图所示
		打样冲眼	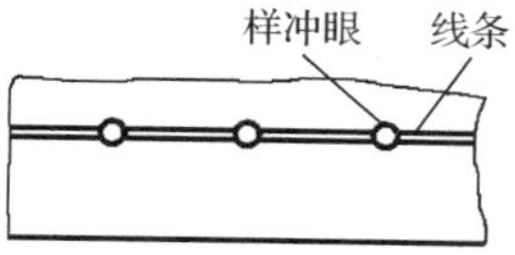	为了避免划出的线条在加工过程中被擦掉，要在划好的线条上用样冲打出小而均匀的样冲眼。钻孔的圆心也要打，以便钻头对准和切入

序号	类别	名称或项目	图示	说明
7	样冲	样冲使用	 正确  不正确	正确：冲尖向身体内侧倾斜 不正确：冲尖向身体外侧倾斜
		打样冲眼的图示	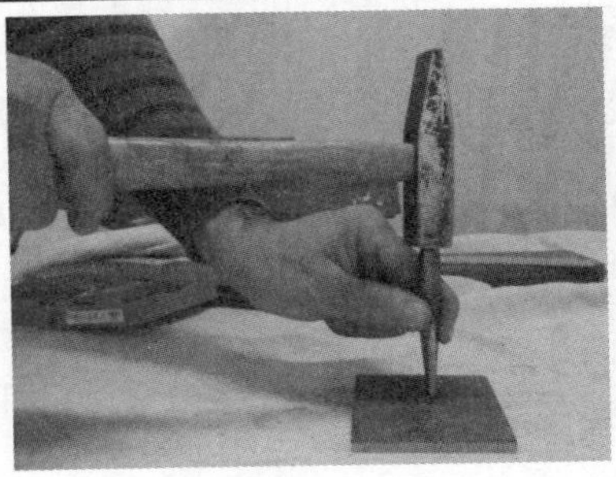 正确  不正确	使用样冲打眼时，应保证垂直打眼，不应使其倾斜
		在直线和曲线上打样冲眼	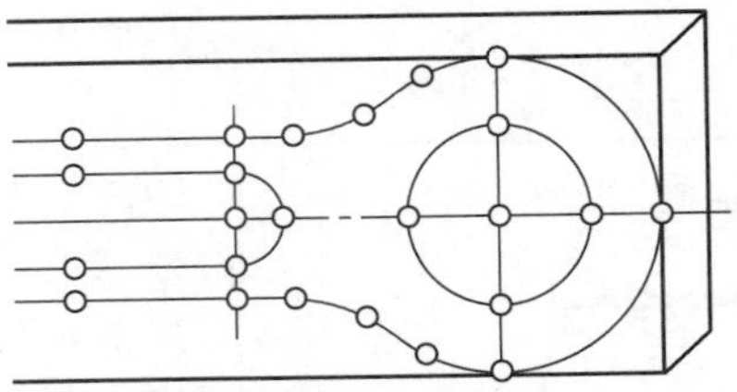 样冲眼在线上的距离要相等	在直线和曲线上打样冲眼时，不要疏密不均，距离要尽可能相等。样冲眼的间距和深浅可根据划线的长短和工件表面的粗糙程度决定。对于粗糙的毛坯，样冲眼可以密些、深些；直线上的样冲眼应稀疏些，曲线上的样冲眼应密些；薄工件和薄板上的样冲眼要浅些；软材料和精加工过的表面不能打样冲眼

序号	类别	名称或项目	图示	说明
8	测量量具	高度游标尺	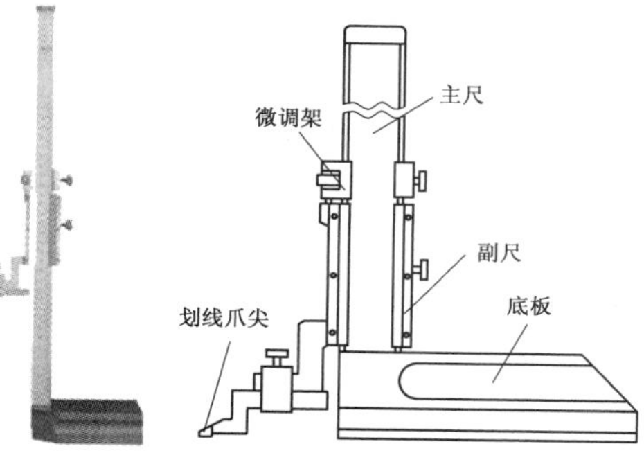 微调架 主尺 划线爪尖 副尺 底板	高度游标尺的划线爪尖镶硬质合金，微调架使尺身能实现微进给，底板材质是不锈钢。它除可用于测量工件的高度外，还可用于半成品划线（只能用于半成品划线，不能用于毛坯划线），其读数精度一般为0.02mm
9		不锈钢直尺	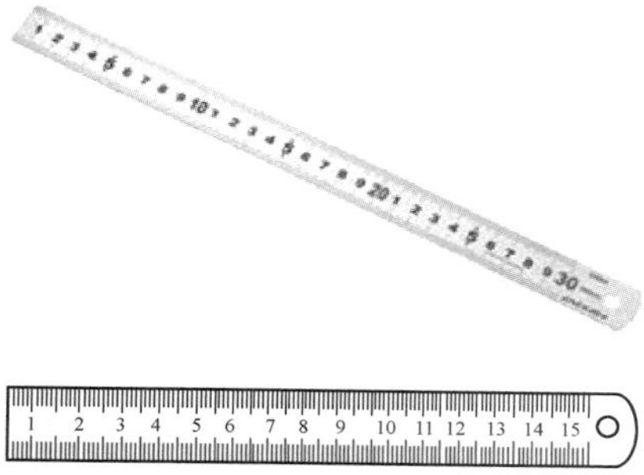	不锈钢直尺是机械加工中最基础、最简单、常用的测量量具，是一种通过直接测量便可读出数值的测量量具。用它测量工件长度、台阶长度及盲孔的深度较为方便。在测量工件的外径和内径时，需要将其与卡钳配合使用
10		直角尺	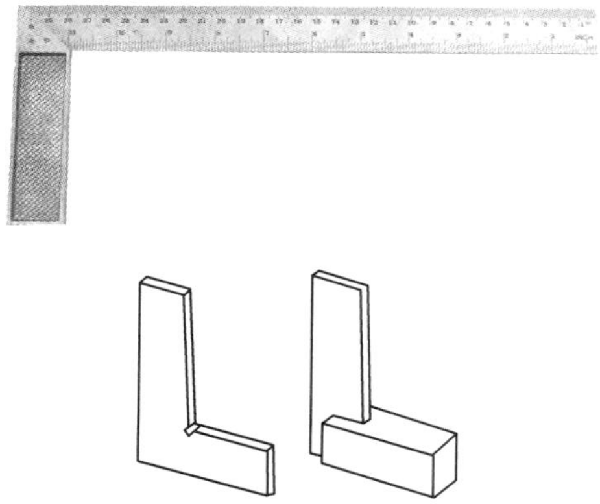	直角尺内侧两个边和外侧两个边分别成标准的90°，用来检测工件表面的垂直度。使用直角尺时，将一条边与工件的基准面贴合，然后查看另一条边与工件之间的间隙。当工件的精度较低时，采用塞尺测量其间隙值；当工件的精度较高时，工件与直角尺的间隙很小，这时可借助从间隙中衍射出来的光的颜色测出间隙值
11	支承工具	千斤顶	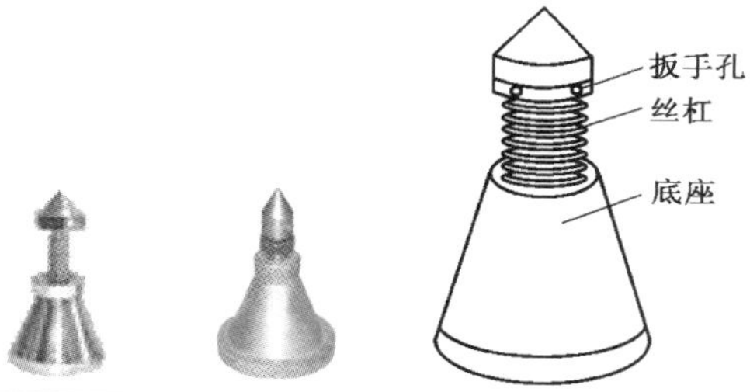 扳手孔 丝杠 底座	千斤顶是在平板上支承较大或不规则工件时使用的，其高度可以调整。通常用三个千斤顶支承工件
12		磁性V形铁	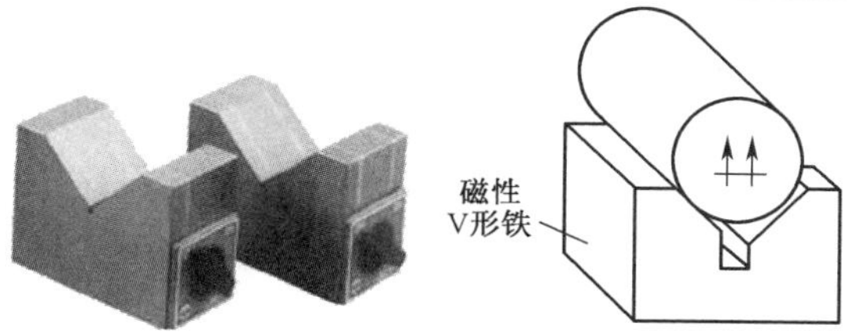 磁性V形铁	磁性V形铁用于支承圆柱形工件，使工件轴线与底板平行；也可以在找管子、圆钢等的水平基准线时使用

续表

序号	类别	名称或项目	图示	说明
13		斜楔	 	斜楔是一个带锥度的铸铁块，其中心有螺纹孔，与丝杆连接，起调整作用，规格通常为 60mm×110mm×150mm（厚端），用于校正大型工件
14	划线辅料	涂料		涂料的种类有白石灰水、粉笔、紫色涂料（龙胆紫加虫胶和酒精）、绿色涂料（孔雀绿加虫胶和酒精）

任务二　立体划线

以轴承座的立体划线（它属于毛坯划线）为例介绍立体划线的具体步骤，如表 5-2 所示。

表 5-2　立体划线的具体步骤

序号	步骤	图示	说明
1	毛坯清理和刷涂料	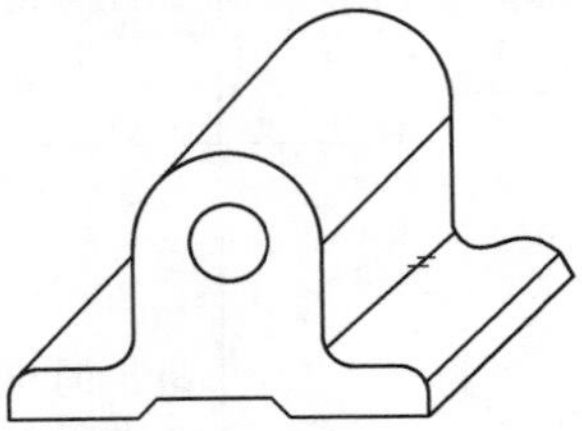	毛坯在划线前要进行清理（将毛坯表面的脏物清理干净，清除毛刺），划线表面需涂上一层薄而均匀的涂料，毛坯面用白石灰水或粉笔，已加工面用紫色涂料或绿色涂料。对于有孔的工件，还要用铅块或木块堵孔，以便确定孔的中心
2	用千斤顶来支承	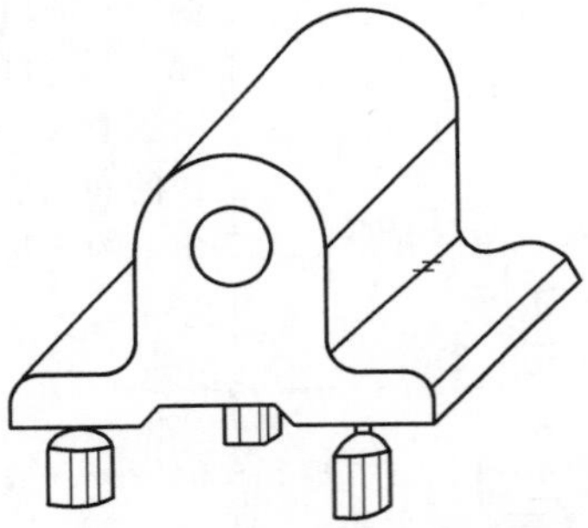	立体划线在划线平板上进行。划线时，工件多用千斤顶来支承，有的工件也可用方箱、磁性 V 形铁等来支承
3	分析轴承座零件图	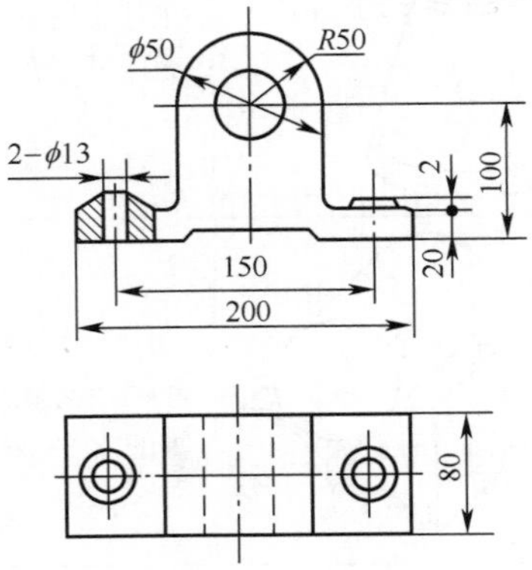	① 分析轴承座零件图，了解加工要求 ② 细想毛坯的加工余量是否足够 ③ 选择好基准面，以便于划线

续表

序号	步骤	图示	操作说明
4	调整水平	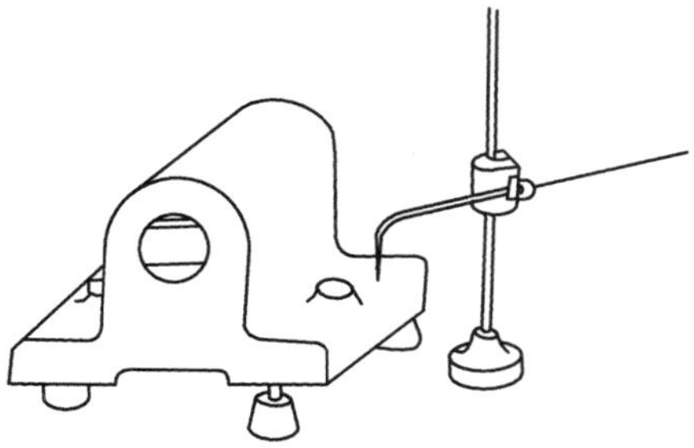	根据孔中心及上平面，调节千斤顶，用划线盘找工件水平
5	划底面加工线和大孔的水平中心线	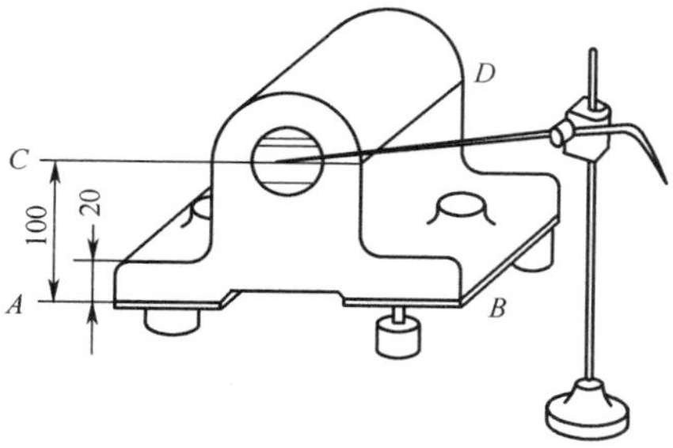	用划线盘划底面加工线 AB 和大孔的水平中心线 CD
6	划中心线	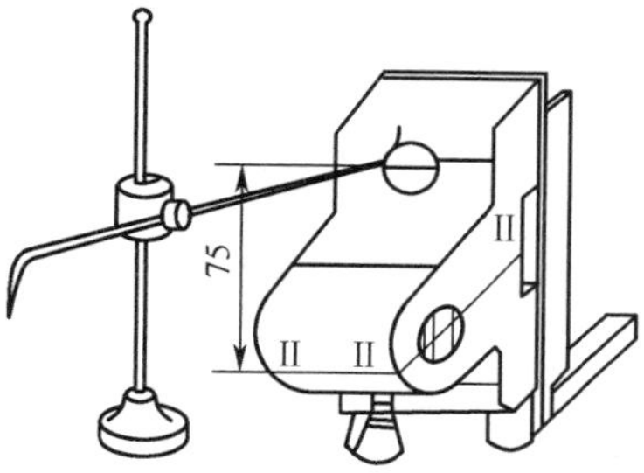	将工件翻转 90°，用直角尺找正，划大孔的垂直中心线及螺孔中心线
7			将工件再翻转 90°，用直角尺在两个方向找正，划螺钉孔另一个方向的中心线及大端面加工线
8	打样冲眼	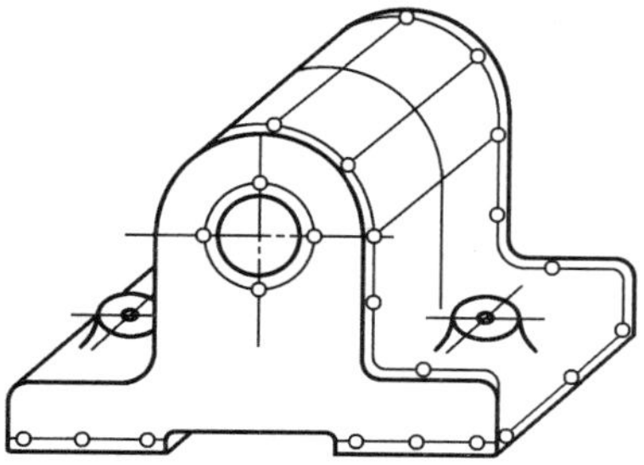	打样冲眼，仔细检查是否符合加工要求

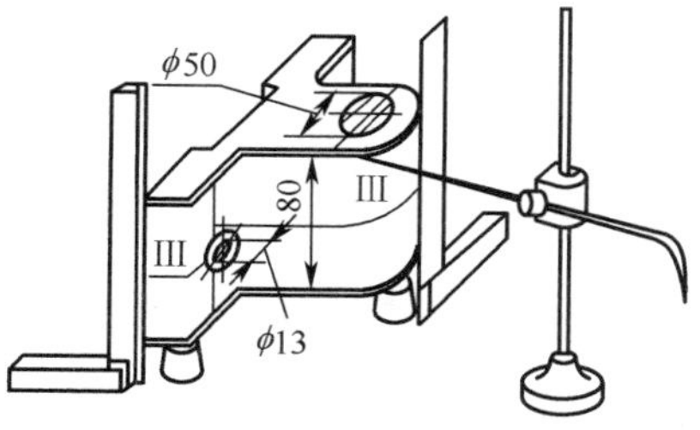

二、项目基本知识

知识点一　划线前的准备工作

为了使在工件上划出的线条清晰易见，划线的表面需先涂上一层薄而均匀的涂料，常用的有白石灰水和紫色涂料。白石灰水可用于毛坯表面，紫色涂料可用于已加工表面。

（1）划线的操作要点。

① 工件准备：包括工件的清理、检查和在表面刷涂料。

② 工具准备：按工件图样的要求，选择所需工具，并检查和校验工具。

（2）操作时的注意事项。

① 看懂图样，了解工件的作用，分析工件的加工顺序和加工方法。

② 工件的支承工具要稳妥，以防工件滑落或移动。

③ 在一次支承中应将要划出的平行线全部划全，以免再次支承补划，造成误差。

④ 正确使用划线工具，划出的线条要准确、清晰。

⑤ 划线完成后，要反复核对尺寸，无误扣才能进行机械加工。

知识点二　划线操作的分类

划线操作包括平面划线、立体划线和综合划线。

1．平面划线

只需要在工件的一个表面上划线就能明确表明加工界限的划线操作称为平面划线，其方法与机械制图相似。平面划线能明确反映出工件的加工界限，通常应用于薄板及回转工件端面的划线，如图 5-1 所示。

2．立体划线

需要在工件几个互成不同角度（一般是互相垂直）的表面上划线，才能明确表明加工界限的划线操作称为立体划线，其适用于支架类工件或箱体类工件的划线。工件的立体划线通常在划线平板上进行，划线时，工件多用千斤顶来支承，部分工件也可用方箱、磁性 V 形铁等来支承，如图 5-2 所示。

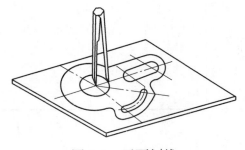

图 5-1　平面划线

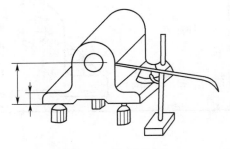

图 5-2　立体划线

3.综合划线

综合划线是指既有平面划线又有立体划线的划线操作。

知识点三　划线基准的选择

1.划线基准的选取原则

用划线盘划水平线时，应选定某一基准作为依据，并以此来调节划针的高度，这个基准称为划线基准。

通常情况下，划线基准与设计基准应一致，常选用重要孔的中心线或工件尺寸标注基准线为划线基准。若工件的个别平面已加工过，则以加工过的平面为划线基准。

2.常见的划线基准

常见的划线基准有三种类型：①以两个相互垂直的平面（或线）为划线基准；②以一个平面与对称平面（或线）为划线基准；③以两个互相垂直的中心平面（或线）为划线基准。

知识点四　划线的注意事项

① 确定毛坯上各孔、槽、凸缘、表面等加工部位的相对坐标位置和加工面的界线，并将此作为毛坯在加工设备上安装调整和切削加工的依据。

② 一般在划线平板上进行不合格毛坯的处理。例如，对毛坯的加工余量进行检查和分配，发现问题要及时处理。

项目学习评价

一、思考练习题

（1）用划线工具分别对平面工件和立体工件进行划线并测量划线精度，对测量结果进行比较。

（2）用划线工具对图 5-3 所示的工件划中心线，进行分组比赛。

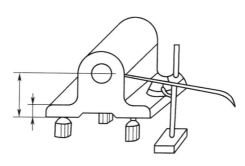

图 5-3　划中心线

二、项目评价

（1）根据表 5-3 中的项目评价内容进行自评、互评、教师评。

表 5-3　项目评价表

评价项目	项目评价内容	分值/分	自评	互评	教师评	得分/分
理论知识	① 划线前的准备工作	5				
	② 划线操作的分类	5				
	③ 划线基准的选择	10				
实操技能	① 划线工具的认知	15				
	② 划线工具的使用	15				
	③ 在直线和曲线上打样冲眼	10				
	④ 立体划线的操作	10				
安全文明生产和职业素质培养	① 出勤情况	5				
	② 车间纪律	5				
	③ 团队合作精神	5				
	④ 划线工具的摆放和维护	10				
	⑤ 工位的卫生情况	5				

（2）根据表 5-4 中的评价内容进行自评、互评、教师评。

表 5-4　小组学习活动评价表

班级：＿＿＿＿＿＿＿＿　小组编号：＿＿＿＿＿＿＿＿　成绩：＿＿＿＿＿

评价项目	评价内容及分值			自评	互评	教师评
分工合作	优秀（12～15 分）	良好（9～11 分）	继续努力（9 分以下）			
	小组成员分工明确，任务分配合理，有小组分工职责明细表	小组成员分工较明确，任务分配较合理，有小组分工职责明细表	小组成员分工不明确，任务分配不合理，无小组分工职责明细表			
获取信息	优秀（12～15 分）	良好（9～11 分）	继续努力（9 分以下）			
	能使用适当的搜索引擎从网络等多种渠道获取信息，并合理地选择信息、使用信息	能从网络或其他渠道获取信息，并较合理地选择信息、使用信息	能从网络或其他渠道获取信息，但信息选择不正确，信息使用不恰当			
实操技能	优秀（16～20 分）	良好（12～15 分）	继续努力（12 分以下）			
	能按技能目标要求规范完成每项实操任务，能准确理解划线的作用，熟练使用划线工具，掌握立体划线的操作步骤	能按技能目标要求规范完成每项实操任务，但不能准确理解划线的作用、不能熟练使用划线工具或未掌握立体划线的操作步骤	能按技能目标要求完成每项实操任务，但规范性不够；不能准确理解划线的作用，不能熟练使用划线工具，未掌握立体划线的操作步骤			
基本知识分析讨论	优秀（16～20 分）	良好（12～15 分）	继续努力（12 分以下）			
	讨论热烈、各抒己见，概念准确、思路清晰、理解透彻，逻辑性强，并有自己的见解	讨论没有间断、各抒己见，分析有理有据，思路基本清晰	讨论能够展开，分析有间断，思路不清晰，理解不透彻			

续表

评价项目	评价内容及分值			自评	互评	教师评
成果展示	优秀（24～30分）	良好（18～23分）	继续努力（18分以下）			
	能很好地理解项目的任务要求，成果展示的逻辑性强，能熟练地利用信息技术（如互联网、显示屏等）进行成果展示	能较好地理解项目的任务要求，成果展示的逻辑性较强，能较熟练地利用信息技术（如互联网、显示屏等）进行成果展示	基本理解项目的任务要求，成果展示停留在书面和口头表达，不能熟练地利用信息技术（如互联网、显示屏等）进行成果展示			
总分						

项目小结

根据机械图样和技术要求，在毛坯或半成品上用划线工具划出加工界限或划出作为划线基准的点、线的操作过程称为划线。

划线操作包括平面划线、立体划线和综合划线。只需要在工件的一个表面上划线就能明确表明加工界限的划线操作称为平面划线；需要在工件几个互成不同角度（一般是互相垂直）的表面上划线，才能明确表明加工界限的划线操作称为立体划线。

划线的基本要求是线条清晰匀称，定型、定位尺寸准确。由于划线的线条有一定宽度，因此一般要求其精度达到 0.25～0.5mm。应当注意，工件的加工精度不能完全由划线确定，而应该在加工过程中通过测量来保证。

划线的主要作用如下。

（1）确定工件的加工余量，使加工有明显的尺寸界限。

（2）为便于复杂工件在机床上的装夹，可按划线找正确定位。

（3）能及时发现和处理不合格的毛坯。

（4）当毛坯误差不大时，可以采用借料划线的方法来补救，从而提高毛坯的合格率。

项目六 锯削加工

教学辅助微视频

用锯对材料或工件进行切断或切槽等的加工方法称为锯削。这是基本功！

项目学习目标

	学习目标	学习方式	学时
技能目标	① 会选用锯削工具、锯条规格； ② 掌握锯削操作的方法和姿势； ③ 了解锯条损坏的原因及预防方法	实训操作	2
知识目标	① 掌握锯削加工的步骤和方法； ② 了解锯削中容易出现的问题； ③ 掌握锯削的注意事项	理论讲授、实训操作	2
素养目标	① 通过网络查询手锯的结构，了解手锯的使用方法，提高操作水平； ② 通过小组讨论，提高获取信息的能力； ③ 通过相互协作，树立团队合作意识	网络查询、小组讨论、相互协作	课余时间

项目任务分析

本项目通过对锯削加工的介绍，使学生掌握锯削工具的使用方法，能根据加工对象合理选用锯条，熟练进行锯削加工。

一、项目基本技能

任务一　锯条的安装

　　锯条的松紧度要适当，锯条太紧会失去应有的弹性，锯条容易崩断；锯条太松会使锯条扭曲，锯缝歪斜，锯条也容易崩断。用手将锯条扳动一下，检查锯条的松紧程度；并且检查锯条平面与锯弓中心是否在一个平面上，如图 6-1 所示。

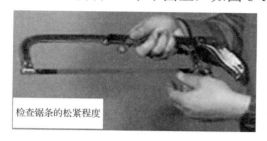

图 6-1　锯条的安装

　　手锯在向前推时进行切割，在向后返回时不起切削作用，因此安装锯条时应锯齿向前，绝不能将锯条装反，如图 6-2 所示。

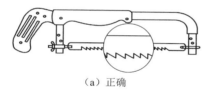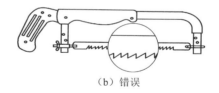

（a）正确　　　　　　　　　　　　　　（b）错误

图 6-2　安装锯条时锯齿的方向

任务二　锯削加工的步骤和方法

　　虽然目前各种自动化、机械化的切削设备已广泛使用，但手锯仍是常用的锯削工具。它具有方便、简单和灵活的特点，在单件小批量生产、临时工地，以及锯削异形工件、开槽、修整等场合应用较广。因此，手工锯削操作是钳工需要掌握的基本功之一。

　　（1）锯削加工的步骤和方法如表 6-1 所示。

表 6-1　锯削加工的步骤和方法

序号	项目	图示	锯削的方法
1	工件的夹持		工件的夹持要牢固，不可抖动，以防锯削时工件移动，进而使锯条折断，同时要防止夹坏已加工表面或使工件变形。将工件尽可能夹持在台虎钳的左面，以方便操作；锯削线应与钳口垂直，以防锯斜；锯削线离钳口不应太远，以防锯削时产生抖动

续表

序号	项目	图示	锯削的方法
2	起锯	 （a）  （b）	起锯的方式有远边起锯和近边起锯两种，通常采用远边起锯。在这种方式下，锯齿逐步切入材料，不易卡住，起锯比较方便。 　为了使起锯的位置正确、起锯平稳，起锯时要用左手大拇指按住工件，将锯条紧靠在大拇指边，以挡住锯条来定位。此时轻轻地拉动手锯，起锯时压力要小，往返行程要短，速度要慢，如左图（a）所示。 　起锯角为 15° 左右，如左图（b）所示
3	锯削时的握锯姿势	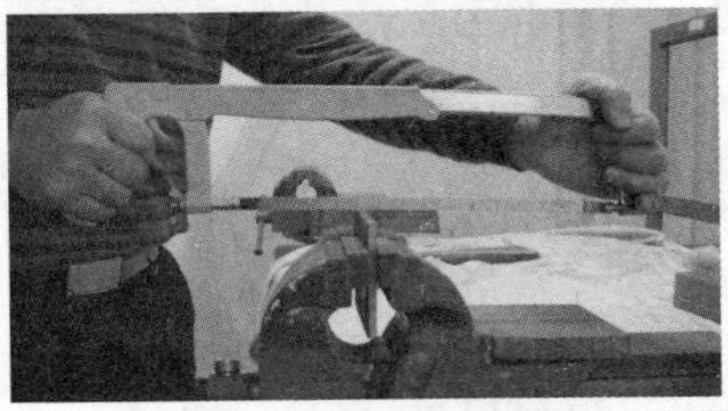	右手握紧锯柄，左手轻扶锯弓前端，锯削时右手主要起控制手锯运动的作用，左手配合右手扶稳手锯，轻施压力，起辅助作用。推锯是工作行程，双手应对手锯施加压力；回锯是非工作行程，双手不对手锯施加压力
4	锯削时的站姿	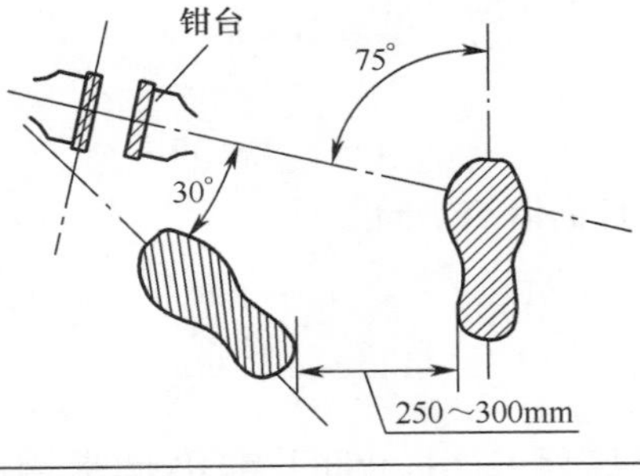	锯削时，操作者站在台虎钳纵向中心线左侧，身体偏转约 45°，左脚向前跨小半步，重心偏于右脚，两脚自然站稳，视线落在工件的锯削线上
5	锯削	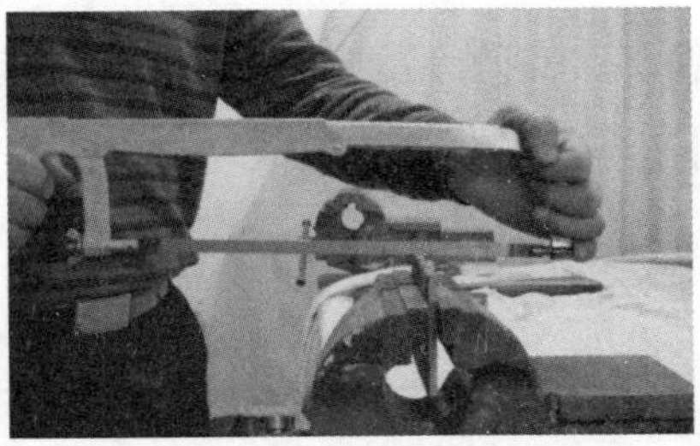	当整条锯缝形成时，手锯应改作水平直线往复运动。锯削时，要舒展自然地握住手锯，右手握住锯柄向前施加压力，左手轻扶在手锯前端，稍加压力。人体重量均布在两腿上。锯削时速度不宜过快，以每分钟 30～60 次为宜，并应用锯条全长的 2/3 工作，以免锯条中间部分迅速磨钝。推锯时，手锯的运动方式有两种：一种是直线运动，适用于锯缝底面要求平直的槽和薄壁工件的锯削；另一种是锯弓上下摆动，这样操作自然，两手不易疲劳
6	收锯		收锯是锯削加工的结束。工件将要被锯断时，应注意收锯，此时用力要轻、速度放慢，用左手扶住即将锯下的部分，直到锯断

　（2）锯削不同工件的实例如表 6-2 所示。

表 6-2　锯削不同工件的实例

序号	项目	图示	锯削的方法
1	锯削扁钢	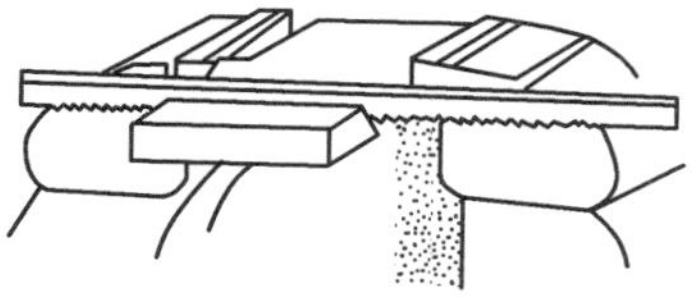	锯削扁钢应从宽面起锯，以免锯条被卡住或折断，并且这样做能得到整齐的锯面。锯削型钢的方法与锯削扁钢的方法基本相同，当一面锯穿后，应改变工件的夹持位置，始终保持从宽面起锯
2	锯削角钢	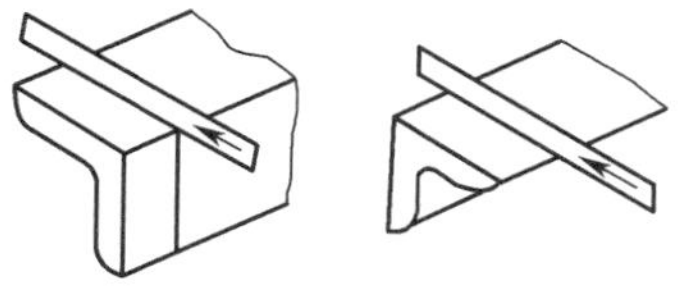 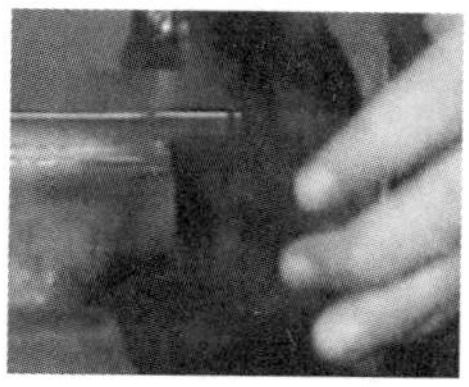	锯削角钢应从两宽面起锯，以免锯条被卡住或折断，并且这样做能得到整齐的锯面
3	锯削槽钢		锯削槽钢应从三宽面起锯，以免锯条被卡住或折断，并且这样做能得到整齐的锯面
4	锯削薄圆管	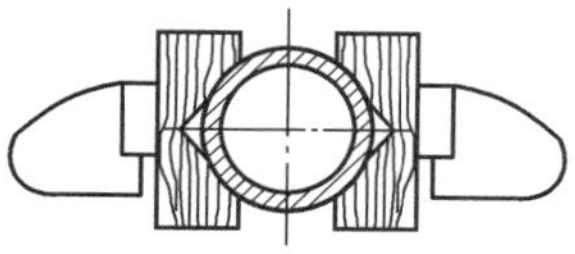	锯削圆管时，一般把圆管水平地夹持在台虎钳内，对于薄圆管或精加工过的管子，应将其夹持在木垫之间
5	锯削厚圆管	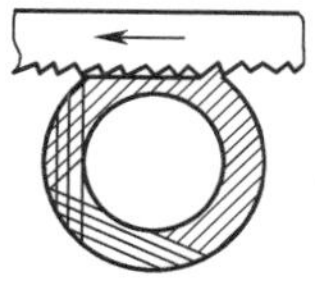 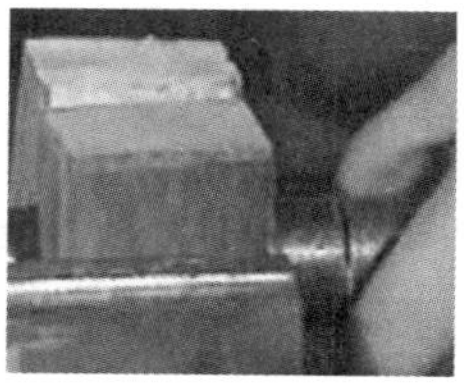	锯削厚圆管时，不宜从一个方向锯到底，应该在锯到管子内壁时停止，然后把管子向推锯方向旋转一些，仍按原有锯缝锯下去，这样不断转锯，直到锯断为止
6	锯削圆钢	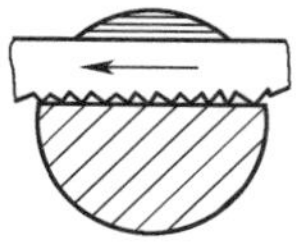 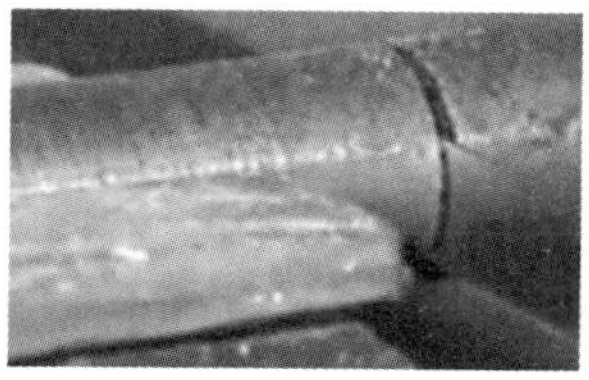	锯削圆钢时，为了得到整齐的锯面，应从起锯开始以一个方向锯至结束。如果对锯面要求不高，可逐渐变更起锯方向，以减少抗力，便于切入
7	锯削金属薄板	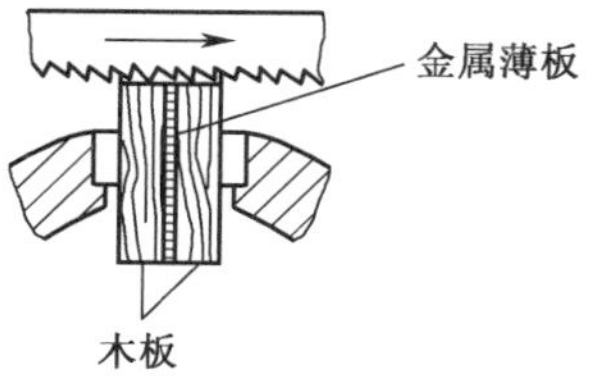	锯削金属薄板时，为了防止工件产生振动或变形，可用木板夹住金属薄板两侧进行锯削

二、项目基本知识

知识点一　锯削工具的相关知识

1．手锯的构造与种类

锯削的常用工具是手锯，由锯弓、锯条、固定拉杆、销子、活动拉杆和蝶形螺母组成，如图 6-3 所示。手锯可分为固定式和可调式两种，图 6-3（a）所示为可调式手锯。固定式手锯的锯弓是固定的，只能安装一种长度规格的锯条，如图 6-3（b）所示。可调式手锯的锯弓分成前段（可调部分）、后段（固定部分），由于前段在后段套内可以伸缩，因此可以安装几种长度规格的锯条，目前广泛使用的是可调式手锯。

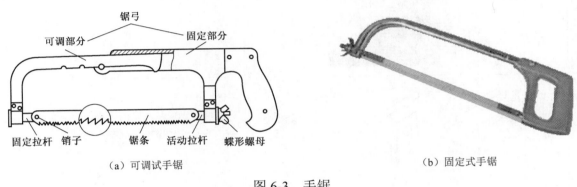

（a）可调试手锯　　　　　　　　　　　　　　　　（b）固定式手锯

图 6-3　手锯

2．锯条的材料、规格、锯齿排列及种类

锯条采用碳素工具钢（如 T10 钢或 T12 钢）或合金钢经制齿、淬火和低温回火制成，锯齿硬而脆。锯条的规格用锯条两端安装孔之间的距离（通常为 150～400mm）表示。常用锯条的长度为 300mm，宽度为 12mm，厚度为 0.8mm。

锯条的切削部分由许多锯齿组成，每个锯齿相当于一把錾子，起切削作用。常用锯条的前角 γ 为 0°、后角 α 为 40°～50°，楔角 β 为 45°～50°，如图 6-4 所示。

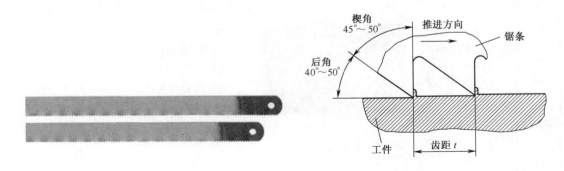

图 6-4　锯条

锯齿的粗细是根据锯条上每 25mm 长度内的齿数来区分的：14～18 齿为粗齿，22～25 齿为中齿，32 齿为细齿。锯齿的粗细也可根据齿距 t 来区分：$t=1.6$mm 为粗齿，$t=1.2$mm 为中

齿，t =0.8mm 为细齿。

　　锯条的锯齿左右错开，排列成一定形状称为锯路。锯路有交叉、波浪等不同形状。锯路的作用是使锯缝宽度大于锯条背部的厚度，防止锯削时锯条卡在锯缝中，并减少锯条与锯缝的摩擦阻力，使排屑顺利，锯削省力。

知识点二　锯条的选用方法

　　锯条的锯齿粗细应根据被加工材料的硬度和厚度来选择，如表 6-3 所示。

表 6-3　锯齿的规格及应用

规格	每 25mm 长度内的齿数	应用
粗齿	14～18	锯削软材料（软钢、黄铜、铝、铸铁、紫铜）和较厚材料
中齿	22～25	锯削中等硬度钢、厚壁的钢管、铜管
细齿	32	锯削硬材料和薄材料（工具钢、金属薄片、薄壁管子）
细齿或中齿	22～32	一般在工厂中使用，易于起锯

知识点三　锯削的注意事项

　　锯削的注意事项如下。

　　① 锯削前要检查锯条的安装方向和松紧程度。

　　② 锯削时压力不可过大，速度不宜过快，以免锯条折断伤人。

　　③ 锯削将完成时，用力不可过大，并需用左手扶住被锯下的部分，以免该部分落下时砸脚。

知识点四　锯削中容易出现的问题

　　锯削中最常见的问题就是锯条折断和崩齿，出现这两种情况的原因如表 6-4 所示。

表 6-4　锯条折断和崩齿的原因

锯条折断的原因	锯条崩齿的原因
① 锯条安装得过紧或过松	① 起锯角度过大
② 工件装夹不正确	② 起锯用力过大
③ 锯缝歪斜过多，强行借正	③ 工件钩住锯齿
④ 用力过大，速度过快	
⑤ 新换的锯条在旧的锯缝中被卡住	

项目学习评价

一、思考练习题

（1）简述不同锯齿的分类依据及应用。

（2）简述锯削中锯缝歪斜过多的原因，并说出其解决方法。

（3）按照表 6-5 中的内容回答问题。

表 6-5 回答表中的问题

针对下列的材料	使用什么规格的锯条
锯削软材料（软钢、黄铜、铝、铸铁、紫铜）和较厚材料	
锯削中等硬度钢、厚壁的钢管、铜管	
锯削硬材料和薄材料（工具钢、金属薄片、薄壁管子）	
通常在工厂中使用，易于起锯	

（4）按照图 6-5 所示图形，回答锯削时的站姿要领。

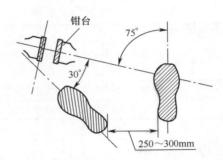

图 6-5　锯削时的站姿要领

二、项目评价

（1）根据表 6-6 中的项目评价内容进行自评、互评、教师评。

表 6-6　项目评价表

评价项目	项目评价内容	分值/分	自评	互评	教师评	得分/分
理论知识	① 锯条的种类及其应用	10				
	② 锯削的注意事项	10				
	③ 对锯削中出现的问题进行分析	15				
实操技能	① 锯削工具的使用	20				
	② 锯削加工的方法	20				
安全文明生产和职业素质培养	① 出勤情况	5				
	② 车间纪律	5				
	③ 团队合作精神	5				
	④ 锯削工具的摆放和维护	5				
	⑤ 工位的卫生情况	5				

（2）根据表 6-7 中的评价内容进行自评、互评、教师评。

表 6-7　小组学习活动评价表

班级：_____　　小组编号：_____　　成绩：_____

评价项目	评价内容及分值			自评	互评	教师评
分工合作	优秀（12~15 分）	良好（9~11 分）	继续努力（9 分以下）			
	小组成员分工明确，任务分配合理，有小组分工职责明细表	小组成员分工较明确，任务分配较合理，有小组分工职责明细表	小组成员分工不明确，任务分配不合理，无小组分工职责明细表			

评价项目	评价内容及分值			自评	互评	教师评
获取信息	优秀（12～15分）	良好（9～11分）	继续努力（9分以下）			
	能使用适当的搜索引擎从网络等多种渠道获取信息，并合理地选择信息、使用信息	能从网络或其他渠道获取信息，并较合理地选择信息、使用信息	能从网络或其他渠道获取信息，但信息选择不正确，信息使用不恰当			
实操技能	优秀（16～20分）	良好（12～15分）	继续努力（12分以下）			
	能按技能目标要求规范完成每项实操任务，能准确理解手锯的作用，能熟练掌握使用手锯对各种材料进行锯削的方法	能按技能目标要求规范完成每项实操任务，但不能准确理解手锯的作用或不能熟练掌握使用手锯对各种材料进行锯削的方法	能按技能目标要求完成每项实操任务，但规范性不够；不能准确理解手锯的作用，不能熟练掌握使用手锯对各种材料进行锯削的方法			
基本知识分析讨论	优秀（16～20分）	良好（12～15分）	继续努力（12分以下）			
	讨论热烈、各抒己见，概念准确、思路清晰、理解透彻，逻辑性强，并有自己的见解	讨论没有间断、各抒己见，分析有理有据，思路基本清晰	讨论能够展开，分析有间断，思路不清晰，理解不透彻			
成果展示	优秀（24～30分）	良好（18～23分）	继续努力（18分以下）			
	能很好地理解项目的任务要求，成果展示的逻辑性强，能熟练地利用信息技术（如互联网、显示屏等）进行成果展示	能较好地理解项目的任务要求，成果展示的逻辑性较强，能较熟练地利用信息技术（如互联网、显示屏等）进行成果展示	基本理解项目的任务要求，成果展示停留在书面和口头表达，不能熟练地利用信息技术（如互联网、显示屏等）进行成果展示			
总分						

项目小结

　　用锯对材料或工件进行切断或切槽等的加工方法称为锯削。

　　虽然目前各种自动化、机械化的切削设备已广泛使用，但手锯仍是常用的锯削工具。它具有方便、简单和灵活的特点，在单件小批量生产、临时工地，以及锯削异形工件、开槽、修整等场合应用较广。因此，手工锯削操作是钳工需要掌握的基本功之一。

　　锯削的工作范围包括分割各种材料及半成品，锯掉工件上的多余部分，在工件上切槽。

项目七　錾削加工

项目情境创设

用手锤锤击錾子对金属工件进行切削加工的方法称为錾削，又称凿削。它的作用主要是去除毛坯上的凸缘、毛刺，分割材料，錾削平面、油槽等，经常用于不便于机械加工的场合。加强錾削加工的训练，可以提高锤击的准确性，为拆装机械设备打下扎实的基础。

项目学习目标

	学习目标	学习方式	学时
技能目标	掌握錾削工具的使用方法	理论讲授	3
知识目标	① 认识常用的錾削工具； ② 掌握錾子的种类及用途	实训操作、理论讲授	3
素养目标	① 通过网络查询錾削工具，了解不同錾削工具的使用方法，激发对錾削加工的兴趣； ② 通过小组讨论，提高获取信息的能力； ③ 通过相互协作，树立团队合作意识	网络查询、小组讨论、相互协作	课余时间

项目任务分析

本项目通过对錾削加工的介绍，使学生掌握錾削工具的使用方法，能根据加工对象合理选用錾子，熟练使用手锤和錾子加工工件。

一、项目基本技能

任务一　錾削工具的认知及选用

1. 手锤

手锤又称榔头，是一种通过敲击錾子对工件进行切削加工的工具，由锤头和锤把构成。锤头由碳素工具钢制成，并经淬火处理，锤把用硬而不脆的木料制成。其规格用锤头的质量来表示，如 0.25kg、0.5kg、1kg 等，如图 7-1 所示。

锤把中有一块楔铁，与锤头组装在一起构成手锤，如图 7-2 所示。为了保证安全，在使用前要检查锤头是否松动。若锤头松动，则应及时修整楔铁，以防锤头脱落、伤人。

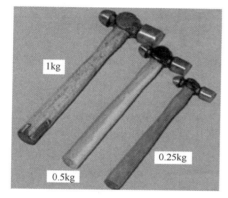

图 7-1　手锤

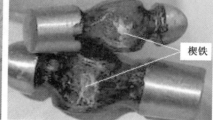

图 7-2　手锤的组装与楔铁

2. 錾子的种类及用途

錾子是钳工的基本工具之一。錾削加工时，可以选用已加工成型的錾子，也可以自制錾子。常用的錾子如表 7-1 所示。

表 7-1　常用的錾子

种类	图示	用途	材料
扁錾		扁錾主要用于錾削平面，去除焊接边缘、锻件及铸件上的毛刺，分割板料等	碳素工具钢、弹簧钢、高速钢（合金钢）
尖錾		尖錾主要用于錾削沟槽及分割曲线形板料	碳素工具钢、弹簧钢、高速钢（合金钢）
油槽錾		油槽錾主要用于錾削平面或曲面上的油槽	碳素工具钢、弹簧钢、高速钢（合金钢）

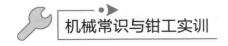

3．錾子的加工

錾子的加工步骤：将碳素工具钢锻造成各种形状的毛坯，将切削部分在砂轮上磨成刀刃形状，并经淬火处理，使其具有较高的硬度，錾子的加工步骤及注意事项如表7-2所示。

表7-2　錾子的加工步骤及注意事项

序号	图示	加工步骤及注意事项
1	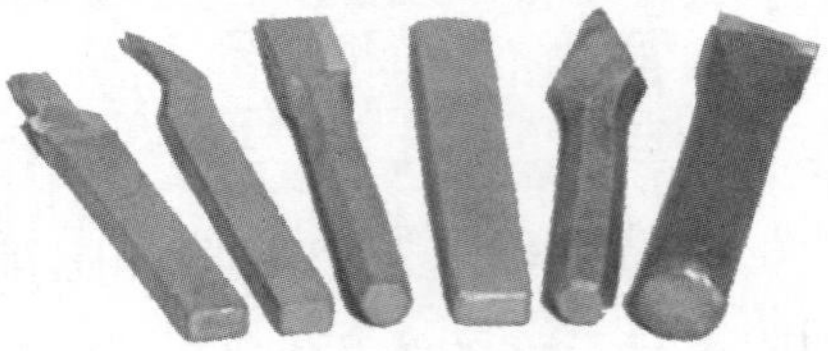	将碳素工具钢锻造成各种形状的毛坯
2	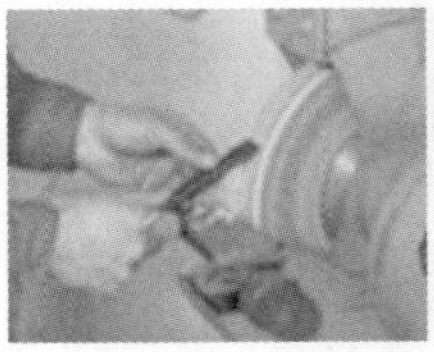 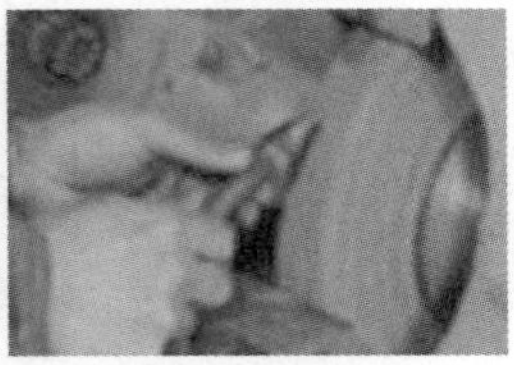	将切削部分在砂轮上磨成刀刃形状
3		用氧气割刀加温錾子，进行淬火
4	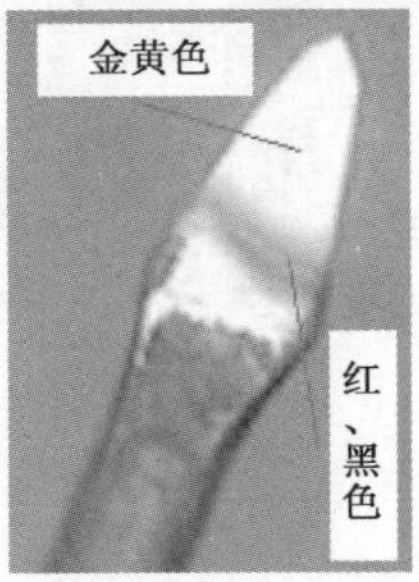 金黄色 红、黑色	进行淬火时，錾子被加温的成色非常重要，它直接影响錾子的硬度。若火大了（錾子呈金黄色），则錾子淬火后的硬度大，錾子容易断裂；若火小了（錾子呈红黑色），则錾子淬火后的硬度小，錾子容易卷刃（俗称"钢火不好"）。 正常情况下，应将錾子加热到750～780℃（呈樱红色），随后迅速将錾子浸入水中冷却，浸入深度为5～6mm
5	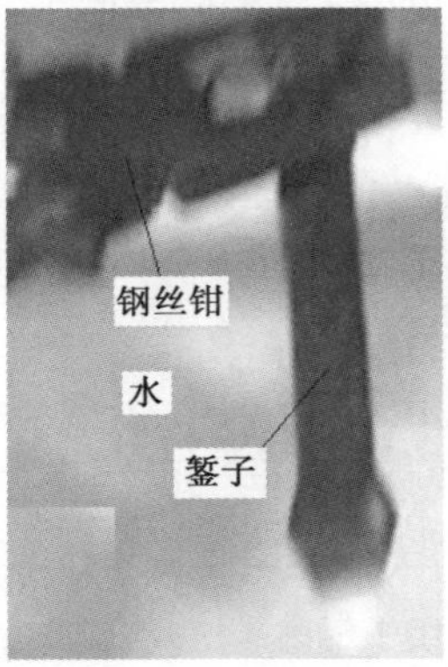 钢丝钳 水 錾子	淬火时，錾子在水中的时间长短也是决定錾子硬度的重要因素。 以上两个因素只有经过多次实践，认真总结经验，才能慢慢地掌握好
6	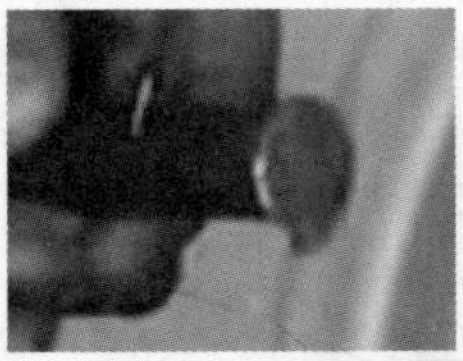 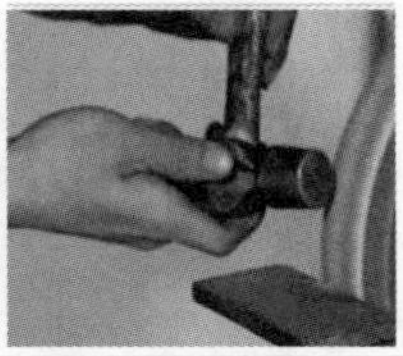	手锤和錾子头部卷边后，要及时在砂轮上打磨

任务二　錾削操作

1. 手锤的握法

一般手锤锤把的长度为 350mm，手握时端部留 15～30mm，如图 7-3 所示。

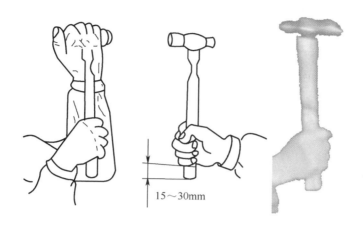

15～30mm

图 7-3　手锤的握法

2. 錾子的握法

錾子的握法及注意事项如表 7-3 所示。

表 7-3　錾子的握法及注意事项

握法及注意事项	图示	握法要领
正握法		手心向下，用虎口夹住錾身，拇指与食指自然张开，其余三指自然弯曲靠拢握住錾身。露出虎口的錾子不宜过长，一般为 10～15mm
反握法		手心向上，手指自然捏住錾身，手心悬空。这种握法适用于少量的平面或侧面錾削
立握法	食指和大拇指自然伸直地松靠 用中指、无名指握住錾子 錾子头部伸出 2cm 左右 （a）　　　　　（b）	虎口向上，拇指放在錾子一侧，其余四指放在另一侧捏住錾子，如左图（a）所示。这种握法用于垂直錾削工件，如在铁砧上錾断材料。 左图（b）所示为另一种握法，錾子头部伸出 2cm 左右

续表

握法及注意事项	图示	握法要领
注意事项		采用以上三种握法时,錾子尾部都要留出15mm 左右

3.錾削时的姿势和站立位置

錾削时的姿势和站立位置如图 7-4 所示。

（a）錾削时的姿势

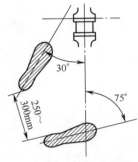

（b）錾削时的站立位置

图 7-4　錾削时的姿势和站立位置

4.錾子的使用方法

錾削时,眼睛应注视工件的錾削部位及錾刃,不可看手锤或錾子尾部。右手出锤时应从肩部出锤且保证出锤力量一致。挥锤时手臂放松,使用腕力。錾子与工件之间的夹角要适度,錾子倾斜过大,会使錾子切入过深;錾子倾斜过小,会使錾子不能切入,容易滑脱,如图 7-5 所示。

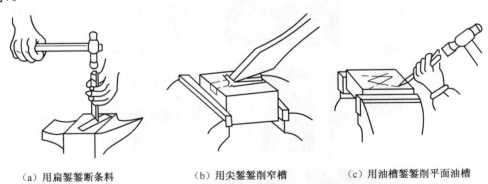

（a）用扁錾錾断条料　　（b）用尖錾錾削窄槽　　（c）用油槽錾錾削平面油槽

图 7-5　錾子的使用方法

5.錾削的角度

錾削的材料不同,錾削角度也不同。錾削角度大（錾子太陡）吃料深,不容易錾削;錾削角度小（錾子太平）吃料浅,錾削容易,但是錾子容易飘划,如图 7-6 所示。

那么,什么样的錾削角度合适呢?表 7-4 给出了不同材料的錾削角度。

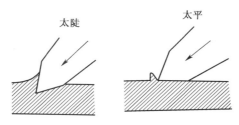

太陡　　　　　　太平

图 7-6　錾削的角度

表 7-4　不同材料的錾削角度

材料	錾削角度
硬钢、硬铸铁	60°～70°
中碳钢、低碳钢、软铸铁	60°
合金钢	45°～60°
铝、锌	30°

6. 錾削的应用

錾削可用于加工各种錾削面。錾削的应用如表 7-5 所示。

表 7-5　錾削的应用

序号	图示	錾削说明
1		在平面上錾削不露头的槽（一般通槽用铣床加工）
2		在平面上錾削厚度在刨床、磨床与锉刀加工量之间的工件
3		錾削修整平面
4		在平面上錾削各种形状的油槽
5		在平面上錾削通孔

续表

序号	图示	錾削说明
6	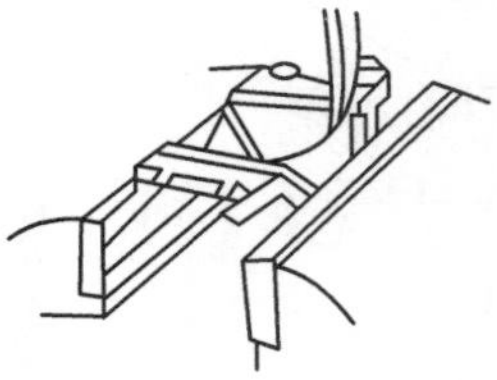	錾削形状不规则的通孔

二、项目基本知识

知识点一　錾削中容易出现的问题

錾削中容易出现的问题如表 7-6 所示。

表 7-6　錾削中容易出现的问题

问题	图示	原因
錾削面粗糙	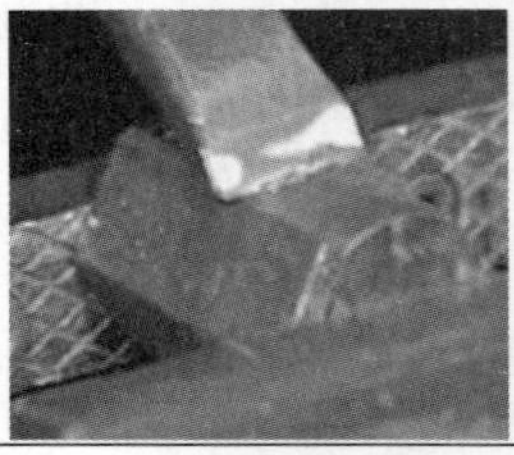 	錾子刃口有缺损、卷刃和裂纹；錾子的方向在錾削过程中经常改变和移动；手锤的锤击力度不均匀
工件表面凸凹不平		在錾削过程中，有时后角过大，錾削面凹下；有时后角过小，錾削面凸起
錾削表面有梗痕	 	左手握錾子没有放稳，錾子的刃口有缺损、卷刃和裂纹，錾子的刃口凹凸不平
工件崩裂或塌角	 	錾削过程中錾子錾到工件端头，锤击力度太大（正确的錾削方法是当錾子錾到工件端头时，将錾子调转 180°，从反方向錾削）；錾削加工量太大，造成塌角
尺寸超出允许误差		起錾时尺寸不准，錾削时没有及时测量检查

知识点二　錾削的注意事项

錾削的注意事项如下。

① 检查錾子的刃口是否有裂纹。

② 检查手锤的锤把是否有裂纹，锤头与锤把是否松动。

③ 正面有人时不要进行操作。

④ 錾子的刃口不能有毛刺。

⑤ 錾削时不能戴手套，以免打滑。

⑥ 錾削临近结束时要减力锤击，以免因用力过猛而伤到手。

·项目学习评价·

一、思考练习题

（1）简述扁錾的常用材料和加工范围。

（2）当錾削一个高碳钢工件时，应选用什么样的錾削角度？

（3）錾削过程中錾子出现卷口、裂纹和断裂，请说明其原因。

（4）用手锤锤击錾子时，手锤在空中的运动轨迹是直线，还是弧线？为什么？

二、项目评价

（1）根据表 7-7 中的项目评价内容进行自评、互评、教师评。

表 7-7　项目评价表

评价项目	项目评价内容	分值/分	自评	互评	教师评	得分/分
理论知识	① 錾削工具的认识	5				
	② 錾子的种类及用途	10				
实操技能	① 常见的錾削加工方法	10				
	② 錾子的握法	15				
	③ 錾削毛刺	10				
	④ 錾削平面和油槽	20				
安全文明生产和职业素质培养	① 出勤情况	5				
	② 车间纪律	5				
	③ 团队合作精神	5				
	④ 錾削工具的摆放和维护	10				
	⑤ 工位的卫生情况	5				

（2）根据表 7-8 中的评价内容进行自评、互评、教师评。

表 7-8　小组学习活动评价表

班级：_____　　小组编号：_____　　成绩：_____

评价项目	评价内容及分值			自评	互评	教师评
分工合作	优秀（12～15 分）	良好（9～11 分）	继续努力（9分以下）			
	小组成员分工明确，任务分配合理，有小组分工职责明细表	小组成员分工较明确，任务分配较合理，有小组分工职责明细表	小组成员分工不明确，任务分配不合理，无小组分工职责明细表			

续表

评价项目	评价内容及分值			自评	互评	教师评
获取信息	优秀（12~15分）	良好（9~11分）	继续努力（9分以下）			
	能使用适当的搜索引擎从网络等多种渠道获取信息，并合理地选择信息、使用信息	能从网络或其他渠道获取信息，并较合理地选择信息、使用信息	能从网络或其他渠道获取信息，但信息选择不正确，信息使用不恰当			
实操技能	优秀（16~20分）	良好（12~15分）	继续努力（12分以下）			
	能按技能目标要求规范完成每项实操任务，能准确理解錾削的作用，能熟练使用錾削工具，掌握錾削的操作方法	能按技能目标要求规范完成每项实操任务，但不能准确理解錾削的作用、不能熟练使用錾削工具或未掌握錾削的操作方法	能按技能目标要求完成每项实操任务，但规范性不够；不能准确理解錾削的作用，不能熟练使用錾削工具，未掌握錾削的操作方法			
基本知识分析讨论	优秀（16~20分）	良好（12~15分）	继续努力（12分以下）			
	讨论热烈、各抒己见，概念准确、思路清晰、理解透彻，逻辑性强，并有自己的见解	讨论没有间断、各抒己见，分析有理有据，思路基本清晰	讨论能够展开，分析有间断，思路不清晰，理解不透彻			
成果展示	优秀（24~30分）	良好（18~23分）	继续努力（18分以下）			
	能很好地理解项目的任务要求，成果展示的逻辑性强，能熟练地利用信息技术（如互联网、显示屏等）进行成果展示	能较好地理解项目的任务要求，成果展示的逻辑性较强，能较熟练地利用信息技术（如互联网、显示屏等）进行成果展示	基本理解项目的任务要求，成果展示停留在书面和口头表达，不能熟练地利用信息技术（如互联网、显示屏等）进行成果展示			
总分						

项目小结

用手锤锤击錾子对金属工件进行切削加工的方法叫作錾削，又称凿削。

它的作用主要是去除毛坯上的凸缘、毛刺，分割材料，錾削平面、油槽等，经常用于不便于机械加工的场合。

錾削加工时，应注意以下几点。

（1）手锤锤击錾子的力度（巧用腕力）要适当，錾削姿势要正确。

（2）錾子在进行淬火时的火候要适宜，初学者应特别注意这点，只有经过多次技能训练，才能慢慢地掌握。

（3）錾削角度要适宜。

项目八 锉削加工

教学辅助微视频

·项目情境创设·

锉削是用锉刀对工件表面进行切削加工，使其尺寸、形状、位置和表面粗糙度等符合要求的加工方法，也是钳工需掌握的最基本、最重要的基本功之一。要想提高工件的表面锉削质量，应从锉削操作、锉削方法选择、锉刀选用和锉削质量检查4个方面加以综合考虑。

·项目学习目标·

	学习目标	学习方式	学时
技能目标	① 掌握锉削的步骤和方法； ② 掌握锉刀的选用方法； ③ 掌握锉刀的握法	理论讲授、实训操作	4
知识目标	① 了解锉刀的种类、规格和用途； ② 熟悉锉削质量检查方法； ③ 了解锉削加工的范围； ④ 了解锉削的注意事项	理论讲授、实训操作	2
素养目标	① 通过网络查询各种锉刀，了解锉刀的使用方法，提高对锉削的认识； ② 通过小组讨论，提高获取信息的能力； ③ 通过相互协作，树立团队合作意识	网络查询、小组讨论、相互协作	课余时间

·项目任务分析·

本项目通过对锉削加工的介绍，使学生掌握各种锉削工具的使用方法，能根据加工对象合理选用锉刀，熟练使用锉刀加工工件。

一、项目基本技能

任务一　锉削操作

1. 锉刀的握法

锉刀的大小不同，锉刀的握法也不同。其中，大型锉刀有三种握法，如图 8-1（a）～图 8-1（c）所示；中型锉刀有一种握法，如图 8-1（d）所示；小型锉刀有两种握法，如图 8-1（e）、图 8-1（f）所示。

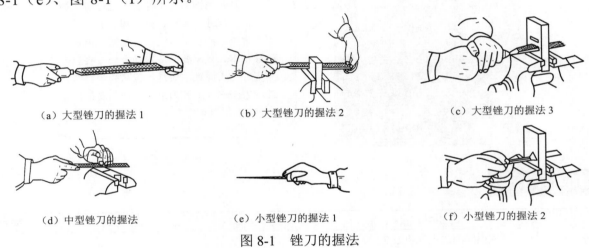

（a）大型锉刀的握法1　　（b）大型锉刀的握法2　　（c）大型锉刀的握法3

（d）中型锉刀的握法　　（e）小型锉刀的握法1　　（f）小型锉刀的握法2

图 8-1　锉刀的握法

（1）大型锉刀的握法。

右手握着锉刀的手柄，将手柄的外端顶在拇指根部的手掌上，大拇指放在手柄上，其余手指由上而下握住手柄。左手掌斜放在锉刀上方，拇指根部肌肉轻压在锉刀的刀尖上，中指和无名指抵住锉刀梢部右下方（也可以左手掌斜放在锉刀梢部，大拇指自然伸出，其余各指自然蜷曲，小指、无名指、中指握住锉刀的前下方，还可以左手掌斜放在锉刀梢部，其余各指自然平放），如图 8-2 所示。

（a）实物图

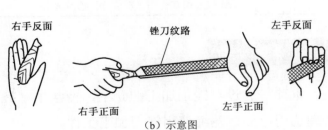

（b）示意图

图 8-2　大型锉刀的握法

（2）中型锉刀的握法。

右手与握大型锉刀的方法相同，左手的大拇指和食指轻轻扶住锉刀梢部。

（3）小型锉刀的握法。

右手食指平直扶在手柄的外侧面；左手手指压在锉刀的中部，以防锉刀在锉削时前高后低（或前低后高），使锉刀始终保持水平工作状态。

（4）整形锉刀的握法。

整形锉刀的握法有两种：一种是单手握住手柄，如图 8-1（e）所示；另一种是右手握住手柄，左手食指、中指、无名指放在锉身上方。

（5）异形锉刀的握法。

右手与握小型锉刀的方法相同，左手轻压在右手手掌外侧，以压住锉刀，小指勾住锉刀，其余手指包住右手，如图 8-3 所示。

图 8-3　异形锉刀的握法

2．站立姿势与锉削姿势

操作者的站立姿势为左腿在前弯曲，右腿在后伸直，身体垂直地面略向前倾斜约 10°，重心落在左腿上。左臂与钳台水平中心线成 45°，左脚中心线与钳台竖直中心线成 30°，右脚中心线与钳台竖直中心线成 75°，如图 8-4 所示。

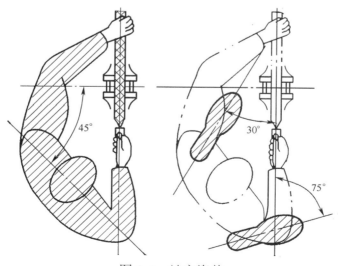

图 8-4　站立姿势

正确的锉削姿势能够减轻疲劳，提高锉削质量和效率。锉削时，肩膀自然放松；右手握

着手柄，左手掌斜放在锉刀前端上方。两腿站稳不动，靠左膝的屈伸使身体做往复运动，手臂和身体的运动要相互配合，并使锉刀的锉身被充分利用。锉削姿势如图 8-5 所示，手部用力要均匀。

（a）实操图

开始位置　　　　　　　　　　中间位置　　　　　　　　　　终止位置

⟹ 表示手部用力的方向

（b）示意图

图 8-5　锉削姿势

（1）力的运用。

锉削时有两个力：一个是推力；另一个是压力。其中，推力由右手控制，压力由两手控制。在锉削过程中，要保证锉刀前后两端所受的力矩相等，即随着锉刀的推进，左手施加的压力由大变小，右手施加的压力由小变大，否则锉刀不稳，易摆动。

（2）注意事项。

锉刀只在推进时加力进行锉削，返回时不加力、不锉削，使锉刀返回即可，否则易造成锉刀过快磨损；锉削时应利用锉身的有效长度进行加工，不能只用局部某一段，否则局部磨损过重，会导致锉刀的使用寿命缩短。

（3）锉削速度。

锉削速度一般为 30～40 次/分，锉削速度过快易缩短锉刀的使用寿命。

3．工件的装夹

① 工件尽量夹持在台虎钳钳口宽度方向的中间。锉削面靠近钳口，以防锉削时产生振动。

② 装夹要稳固，但用力不可太大，以防工件变形。

③ 装夹已加工表面和精密工件时，应在台虎钳的钳口装上紫铜皮或铝皮等软衬垫，以防夹坏工件。

4．锉削方法

在日常生产中，常用的锉削方法如表 8-1 所示。

表 8-1　常用的锉削方法

锉削方法	图示	应用
交叉锉法		常用于较大面积的粗锉，锉削速度快、效率高
顺向锉法		主要用于工件的精锉，可得到平滑、光洁的表面
推锉法		常用于较窄表面的精锉及不能用顺向锉法加工的场合，如加工表面前端有凸台等
滚锉法		用于锉削外圆弧面和倒角

任务二　锉削质量检查方法

如图 8-6 所示，锉削质量检查方法主要有以下几种。

① 尺寸检查，粗略检查时可用直尺，精确检查时可用游标卡尺。

② 直线度检查，利用透光法，用刀口尺检查［见图 8-6（a）］或用直角尺检查［见图 8-6（b）］。

③ 垂直度检查，利用透光法和直角尺检查，检查时直角尺贴紧工件向下移动［见图 8-6（c）］。

④ 线轮廓度检查，常用工具为检测样板［见图 8-6（d）］。

⑤ 表面粗糙度检查，用眼睛观察，凭经验判断或用表面粗糙度样板对照。

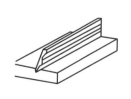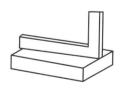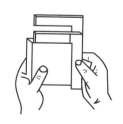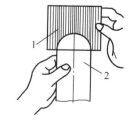

（a）用刀口尺检查　　（b）用直角尺检查　　（c）垂直度检查　　（d）线轮廓度检查

图 8-6　锉削质量检查方法

二、项目基本知识

知识点一　锉刀的结构和种类

锉削是钳工技术中最基本的操作，指用锉刀对毛坯表面或对用锯削等方法加工过的表面进行加工。锉削可完成平面、曲面、内/外圆弧面、沟槽和各种复杂表面（如成型样板、模具型腔等）的加工，以及机器装置的调整和修配。

1．锉刀的结构

锉刀由锉身（包括锉刀舌、锉刀尾、底齿、面齿等）和手柄两部分组成，如图8-7所示。其规格一般用工作部分的长度表示，有100mm、150mm、200mm、250mm、300mm、350mm、400mm七种。锉刀常由碳素工具钢T10、T12制成，并经淬火处理，硬度为62～67HRC。锉齿（底齿和面齿）多是在制锉机上制出，再经热处理淬硬后形成的，锉齿形状如图8-8所示。锉刀的锉纹常制成双纹，以便锉削时切削碎屑不堵塞锉刀的工作部分，达到省力的目的。

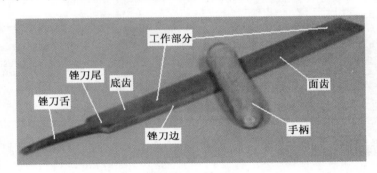

图 8-7　锉刀

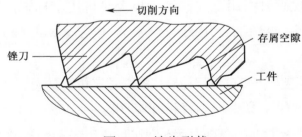

图 8-8　锉齿形状

2．锉刀的种类

锉刀按其用途可分为普通锉刀、异形锉刀和整形锉刀三大类。

（1）普通锉刀。

普通锉刀按其断面形状分为平锉（又称板锉）、半圆锉、方锉、三角锉和圆锉5种，普通锉刀的示意图如图8-9所示。

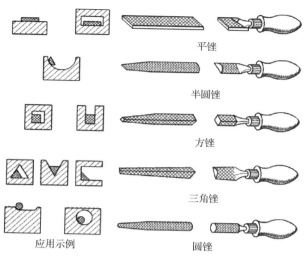

图 8-9　普通锉刀的示意图

普通锉刀按锉齿粗细（锉面上 10mm 长度内的齿数）不同，可分为粗齿锉刀、中齿锉刀、细齿锉刀和油光齿锉刀。

（2）异形锉刀。

异形锉刀用于锉削工件的特殊表面，有刀口锉、扁三角锉、椭圆锉、圆肚锉等，如图 8-10 所示。

图 8-10　异形锉刀

（3）整形锉刀。

整形锉刀又称什锦锉刀或组锉，它因分组配备各种断面形状的小型锉刀而得名，主要用于修整工件上的细小部分，通常以 5 把、6 把、8 把、10 把或 12 把为一组，如图 8-11 所示。

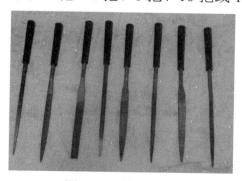

图 8-11　整形锉刀

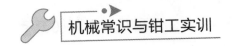

知识点二 锉刀的选用方法

生产中根据工件形状来选择锉刀，不同锉齿粗细的锉刀的特点和应用如表 8-2 所示。

表 8-2 不同锉齿粗细的锉刀的特点和应用

锉齿粗细	齿数/个 （10mm 长度内）	特点和应用	加工余量/mm	表面粗糙度值/μm
粗齿	4～12	齿间距大，不易堵塞，适用于粗加工或锉铜、铝等有色金属	0.5～1	50～12.5
中齿	13～24	齿间距适中，适用于粗锉后的加工	0.2～0.5	6.3～3.2
细齿	30～40	用于锉光表面或硬金属（如钢、铸铁等）	0.05～0.23	1.6
油光齿	50～62	用于精加工时，修光表面	0.05 以下	0.8

知识点三 锉削加工的种类

1. 平面锉削

（1）选择锉刀。

① 根据加工余量选择：若加工余量大，则选用粗齿锉刀或大型锉刀；反之，则选用细齿锉刀或小型锉刀。

② 根据加工精度选择：若工件的加工精度要求较高，则选用细齿锉刀；反之，则选用粗齿锉刀。

（2）工件夹持。

将工件夹在台虎钳钳口的中间部位，伸出不能太高，否则易产生振动；若表面已被加工过，则应加垫角钢形状的紫铜皮，以防台虎钳钳口的纹路（牙口）将工件夹持出伤痕。

（3）锉削的操作要领。

顺向锉法的操作要领：在锉削时，要确保锉削姿势正确；锉刀前、后两端需要端平，即其所受的力矩相等，不要出现前低后高或后高前低的现象；锉刀由小手臂带动大手臂向前推进，在此过程中左手施加的压力由大变小，右手施加的压力由小变大，否则锉刀不稳、易摆动。交叉锉法的操作要领与顺向锉法的操作要领几乎一样，区别是顺向锉法的操作方向是一个，而交叉锉法的操作方向是两个。推锉法的操作要领是两手握住锉刀的中部，两手施加的力量需一致。

（4）锉削质量检查。

通常使用透光法检查锉削质量。

量具：刀口尺（检查平面度）、直角尺（检查垂直度）。

2. 曲面锉削

（1）外圆弧面的锉削。

在加工外圆弧面时，应选用哪种锉刀？

锉刀的种类较多，在加工外圆弧面时，应选用平锉（多数同学会认为要选用圆锉，故在此提出，以加深印象，避免出错）。

方法：用平锉以径向运动方式加工外圆弧面，操作要领是掌握锉刀的起锉方法。采用滚锉法由外向内沿外圆弧方向起锉，如表 8-1 中滚锉法的左图所示。滚锉法用于精加工或余量较小的加工。

（2）内圆弧面的锉削。

锉削工具采用半圆锉，首先向前运动，其次向左或向右移动，最后绕锉刀中心线转动，三个运动需一气呵成。

知识点四　锉削的注意事项

① 锉刀必须安装手柄后使用，当手柄松动时，应先对其进行紧固再使用锉刀，不使用无手柄或手柄已裂开的锉刀，以免刺伤手腕。手柄的安装、拆除如图 8-12 所示。

（a）手柄的安装　　　　　　　　　　　　　（b）手柄的拆除

图 8-12　手柄的安装、拆除

② 不要用嘴吹锉屑，以防锉屑飞进眼睛，也不要用手清除锉屑。

③ 当锉屑堵塞锉面后，应用铜（钢）丝刷顺着锉纹方向刷去锉屑。

④ 对铸件上的硬皮或粘砂、锻件上的飞边或毛刺等，应先用砂轮将其磨去，然后锉削。

⑤ 锉削时不能用手摸锉过的表面，以免手上的油污沾在表面上，使得再次锉削时锉刀打滑。

⑥ 锉刀不能用作撬杠或用于敲击工件，防止锉刀折断伤人。

⑦ 放置锉刀时，不能使其露出工作台面，以防锉刀跌落伤脚；也不能把锉刀与锉刀叠放或把锉刀与量具叠放。

项目学习评价

一、思考练习题

（1）简述锉刀的种类及其应用。

（2）在锉削过程中如何避免压板凸面的产生？

（3）简述锉削时的站立姿势。

（4）锉削时，锉刀的速度是多少？

（5）锉削工件表面时，锉不平的原因可能是什么？

（6）锉削表面出现前高后低或后高前低的原因是什么？

（7）若锉削表面的精度要求达到0.01mm，应使用什么样的锉刀？

二、项目评价

（1）根据表8-3中的项目评价内容进行自评、互评、教师评。

表8-3　项目评价表

评价项目	项目评价内容	分值/分	自评	互评	教师评	得分/分
理论知识	① 常见的锉削方法	5				
	② 锉刀的种类及用途	10				
实操技能	① 锉刀的握法	10				
	② 锉削姿势	15				
	③ 锉削平面	20				
	④ 锉削其他表面	10				
安全文明生产和职业素质培养	① 出勤情况	5				
	② 车间纪律	5				
	③ 团队合作精神	5				
	④ 锉削工具的摆放和维护	10				
	⑤ 工位的卫生情况	5				

（2）根据表8-4中的评价内容进行自评、互评、教师评。

表8-4　小组学习活动评价表

班级：_____　　　　小组编号：_____　　　　成绩：_____

评价项目	评价内容及分值			自评	互评	教师评
分工合作	优秀（12～15分）	良好（9～11分）	继续努力（9分以下）			
	小组成员分工明确，任务分配合理，有小组分工职责明细表	小组成员分工较明确，任务分配较合理，有小组分工职责明细表	小组成员分工不明确，任务分配不合理，无小组分工职责明细表			
获取信息	优秀（12～15分）	良好（9～11分）	继续努力（9分以下）			
	能使用适当的搜索引擎从网络等多种渠道获取信息，并合理地选择信息、使用信息	能从网络或其他渠道获取信息，并较合理地选择信息、使用信息	能从网络或其他渠道获取信息，但信息选择不正确，信息使用不恰当			
实操技能	优秀（16～20分）	良好（12～15分）	继续努力（12分以下）			
	能按技能目标要求规范完成每项实操任务，能准确理解锉削的作用，能熟练使用锉削工具，掌握锉削方法	能按技能目标要求规范完成每项实操任务，但不能准确理解锉削的作用、不能熟练使用锉削工具或未掌握锉削方法	能按技能目标要求完成每项实操任务，但规范性不够；不能准确理解锉削的作用，不能熟练使用锉削工具，未掌握锉削方法			

续表

评价项目	评价内容及分值			自评	互评	教师评
基本知识分析讨论	优秀（16~20分）	良好（12~15分）	继续努力（12分以下）			
	讨论热烈、各抒己见，概念准确、思路清晰、理解透彻，逻辑性强，并有自己的见解	讨论没有间断、各抒己见，分析有理有据，思路基本清晰	讨论能够展开，分析有间断，思路不清晰，理解不透彻			
成果展示	优秀（24~30分）	良好（18~23分）	继续努力（18分以下）			
	能很好地理解项目的任务要求，成果展示的逻辑性强，能熟练地利用信息技术（如互联网、显示屏等）进行成果展示	能较好地理解项目的任务要求，成果展示的逻辑性较强，能较熟练地利用信息技术（如互联网、显示屏等）进行成果展示	基本理解项目的任务要求，成果展示停留在书面和口头表达，不能熟练利用信息技术（如互联网、显示屏等）进行成果展示			
总分						

项目小结

　　锉削是用锉刀对工件表面进行切削加工，使其尺寸、形状、位置和表面粗糙度等符合要求的加工方法，也是钳工需掌握的最基本、最重要的基本功之一。

　　锉削的应用范围很广，可以锉削平面、曲面、外表面、内孔、沟槽和各种形状复杂的表面，也可以用于配键、制作样件、修整个别工件的几何形状等。

　　锉削的精度可达 0.01mm，表面粗糙度可达 0.8μm。

　　要想提高工件的表面锉削质量，应从锉削操作、锉削方法选择、锉刀选用和锉削质量检查 4 个方面加以综合考虑。

项目九 孔加工

教学辅助微视频

◁ 项目情境创设 ▷

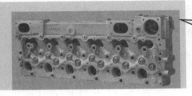

孔需要用什么设备加工呢？这些孔是怎么加工的呢？

◁ 项目学习目标 ▷

	学习目标	学习方式	学时
技能目标	① 能正确使用钻床，特别是台式钻床和摇臂钻床的操作方法； ② 掌握一般的钻孔步骤，对深孔加工有一定的了解	现场实物教学，学生边学边练	4
知识目标	① 熟知标准麻花钻的结构，能迅速判断出普通麻花钻切削部分的五刃六面及切削角度； ② 会检验标准麻花钻的刃磨质量； ③ 掌握钻削用量的选取方法、原则； ④ 掌握铰削用量的选取方法、原则	理论讲授	2
素养目标	① 通过网络查询各种钻削工具，了解钻削工具的使用方法，激发对钻削的兴趣； ② 通过小组讨论，提高获取信息的能力； ③ 通过相互协作，树立团队合作意识	网络查询、小组讨论、相互协作	课余时间

◁ 项目任务分析 ▷

孔加工在机械加工中是一项重要的加工工艺，法兰盘、发动机箱体等诸多工件都会用到孔加工。在众多的孔加工工序中，哪些是钳工要做的？钳工如何实现这些孔的加工？需要用到什么加工设备？事实上，在钳工技术中，孔加工主要指钻孔、扩孔、铰孔、锪孔等。本项目只介绍钻孔、铰孔工艺。

　　用钻头在实体材料上加工出孔的操作叫作钻孔。钻削运动包括主运动和进给运动。在使用钻床钻孔时，钻头装在钻床的主轴或与主轴连接的钻夹头上，工件被固定在钻床上。因此，钻削运动主要由钻床的主轴来实现。其中，钻头随主轴旋转的运动为主运动，钻头随主轴沿钻头直线方向的运动为进给运动，如图9-1所示。

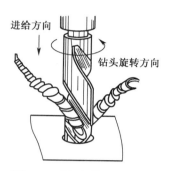

图9-1　钻头的运动方向

　　在钻削时，由于钻头处于半封闭的加工环境中，并且切削余量大、细长的钻头刚性较差等因素，因此加工精度不高，尺寸精度一般为IT10～IT11，表面粗糙度$Ra \geq 12.5\mu m$。对于要求较高的孔，往往还要进行铰削加工。

一、项目基本技能

任务一　钻孔设备及工具

1. 认识钻床

（1）台式钻床。

台式钻床主要用于加工$\phi 12mm$以下的孔，具有结构简单、操作方便等优点。图9-2所示为台式钻床的结构图。

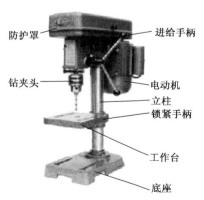

图9-2　台式钻床的结构图

台式钻床具有一对分别装于主、从动轴上的塔形皮带轮，通过改变 V 形皮带在皮带轮中的位置来实现转速调节，如图 9-3 所示。台式钻床一般有五级不同的转速（转速范围为 480～4100r/min）。台式钻床主轴下端为莫氏 2 号锥孔，用于安装钻夹头。

图 9-3　台式钻床的调速机构

（2）立式钻床。

立式钻床的最大钻孔直径比台式钻床大。立式钻床的型号不同，最大钻孔直径也不同。图 9-4 所示为 Z525 立式钻床，最大钻孔直径为 25mm。立式钻床主轴下端采用的是莫氏 3 号锥轴，用于安装钻头。立式钻床利用齿轮机构和调速手柄调节转速，可实现九种转速（转速范围为 97～1360r/min）。另外，立式钻床还可实现自动进给，进给量的调节范围为 0.1～0.81mm/r。

（3）摇臂钻床。

摇臂钻床适用于加工中、大型工件，可以完成钻孔、扩孔、铰孔、锪平面、攻丝等工作。摇臂钻床的结构如图 9-5 所示，它除能实现主运动和进给运动外，还可以实现主轴箱沿水平导轨的移动、摇臂沿升降丝杠的上下移动和摇臂绕内立柱的 360° 旋转。

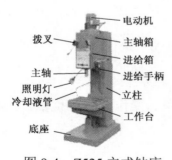

图 9-4　Z525 立式钻床　　　　　　　图 9-5　摇臂钻床的结构

2．钻头的装夹工具

（1）钻夹头。

钻夹头是用来夹持尾部为圆柱体的钻头的夹具，如图 9-6 所示。钻夹头的 3 个斜孔内装有带螺纹的夹爪，夹爪螺纹和装载钻夹头的螺纹相啮合。当钥匙上的小伞齿轮带动钻夹头上的伞齿轮时，钻夹头上的螺纹旋转，从而使 3 个夹爪推出或缩入，以夹紧或放松钻头。

注意：用钻夹头装卸钻头时，应使用钻夹头钥匙，不可用其他工具直接在钻夹头上的伞齿轮牙上敲击，否则易损坏钻夹头。

（2）钻头套。

钻头套是用来装夹锥柄钻头的夹具，如图9-7所示。钻头套分为5种，实际工作时应根据钻头锥柄的莫氏锥度号选用相应的钻头套。当选用较小的钻头钻孔时，用一个钻头套有时不能直接与钻床主轴下端的锥孔相配合，此时要把几个钻头套组合使用。

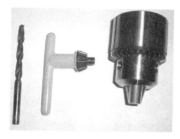

图9-6 钻夹头

图9-7 钻头套

3. 常用的工件装夹方法

（1）手握或用手虎钳夹持。

如果工件能用手握住，而且基本比较平整，那么可以直接用手握住工件进行钻孔，如图9-8（a）所示；对于短小工件，如果不能用手握住，那么可用手虎钳或小型台虎钳来夹紧，如图9-8（b）所示。此种装夹方法仅适用于钻ϕ6mm以下小孔的场景。

（a）手握工件

（b）用手虎钳夹持

图9-8 手握或用手虎钳夹持

（2）用机用平口虎钳夹持。

在平整的工件上钻较大的孔时，一般采用机用平口虎钳夹持，如图9-9所示，夹持时需在工件下面垫一个木块。对于质地较软或者表面已被加工过的工件，需在钳口处垫上木头、铜皮或橡胶等物品，以免夹伤工件表面。如果钻的孔较大，机用平口虎钳应用螺钉固定在钻床的工作台上。

图9-9 用机用平口虎钳夹持

（3）用磁性 V 形铁装夹。

当在套筒类或圆柱形工件的表面钻孔时，通常将其固定在磁性 V 形铁上，并用压板夹紧，如图 9-10 所示。

（4）直接在钻床的工作台上装夹工件。

钻床的工作台上有 T 形槽，当钻大孔或工件不适宜用机用平口虎钳装夹时，可直接用压板、螺栓把工件固定在钻床的工作台上进行加工，如图 9-11 所示。

图 9-10 用磁性 V 形铁装夹

图 9-11 在钻床的工作台上装夹工件

（5）用专用卡具装夹。

对于形状复杂、加工要求高的工件或者批量生产的工件，可制作专用卡具，将工件固定于专用卡具上进行加工。

任务二 钻头及其刃磨

钻头是钻削加工的刀具。钻头的种类很多，包括麻花钻、扁钻、深孔钻和中心钻等，本项目只介绍普通麻花钻和标准麻花钻。二者的区别在于普通麻花钻是单刃，标准麻花钻是双刃。

1. 普通麻花钻的构成

如图 9-12 所示，普通麻花钻的工作部分像麻花，因此得名。它由以下几部分组成。

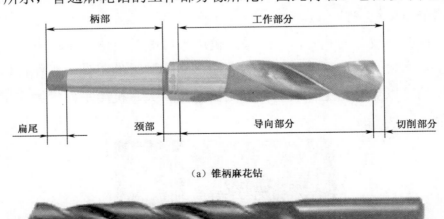
（a）锥柄麻花钻

（b）直柄麻花钻

图 9-12 普通麻花钻

（1）柄部是钻头的装夹部分。在钻削过程中，钻头经过装夹后，柄部用来定心和传递动力。根据普通麻花钻直径的不同，柄部可分为锥柄和直柄两种不同的形式，一般锥柄用于直径≥13mm的钻头，直柄用于直径＜13mm的钻头。

（2）颈部是普通麻花钻在磨制加工时遗留的退刀槽。普通麻花钻的尺寸、规格、材料及商标通常都标刻在颈部。

（3）工作部分是用来完成切削加工的。它可分为切削部分和导向部分。

① 切削部分。

普通麻花钻的切削部分由对称的两个刀瓣组成，每一个刀瓣都像一把外圆车刀，具有切削作用。普通麻花钻的切削部分可分为五刃六面，如图9-13所示。所谓五刃，是指两条主切削刃、两条副切削刃（图9-13中只标注出一条）和一条横刃；所谓六面，是指两个前刀面（图9-13中只标注出一个）、两个主后刀面（也称为后刀面）和两个副后刀面（图9-13中只标注出一个）。

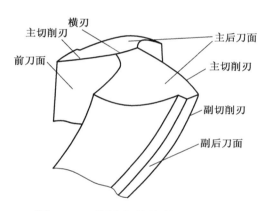

图9-13 普通麻花钻的五刃六面

a．主切削刃——前刀面与主后刀面之间的交线。

b．副切削刃——前刀面与副后刀面之间的交线。

c．横刃——两个主后刀面之间的交线。

d．前刀面——钻头进行切削加工时，切屑流经的表面，即普通麻花钻上的两条螺旋槽的表面。

e．主后刀面——钻头切削部分顶部的两个面，在切削加工时，它们与工件的过渡表面相对。

f．副后刀面——钻头进行切削加工时，与工件上已加工表面相对的表面。

② 导向部分。

普通麻花钻的导向部分主要用于保持普通麻花钻在切削加工时的方向准确。

导向部分的两条螺旋槽主要起形成切削刃、容纳和排除切屑的作用，同时方便切削液沿螺旋槽流至切削部位。

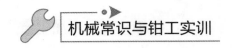

导向部分外缘的两条棱带（副后刀面），其直径在长度方向略有倒锥，倒锥量为每100mm长度内，直径向柄部减小0.05～0.1mm。其作用在于减小钻头与孔壁之间的摩擦。当钻头进行刃磨以后，导向部分逐渐转变为切削部分。

2. 标准麻花钻的辅助平面

标准麻花钻的切削角度修磨得合理与否对标准麻花钻的切削能力、钻孔精度和表面粗糙度起着决定性作用。想清楚地认识切削角，首先需弄清标准麻花钻的辅助平面。

标准麻花钻的辅助平面有基面、切削平面、主截面和柱截面，其中，基面、切削平面、主截面三者相互垂直，如图9-14所示。

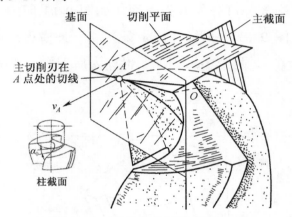

图9-14　标准麻花钻的辅助平面

（1）基面。

主切削刃上任意一点的基面是通过该点，且与该点切削速度方向垂直的平面，实际上是通过该点与钻心连线的径向平面。由于标准麻花钻的两条主切削刃不通过钻心，而是平行并错开一个钻心厚度的距离，因此主切削刃上各点的基面是不同的。

（2）切削平面。

标准麻花钻主切削刃上任意一点的切削平面可理解为由该点的切削速度方向与该点切削刃的切线所构成的平面。标准麻花钻主切削刃上任意一点的切线就是钻刃本身。

（3）主截面。

主截面是指通过主切削刃上任意一点并垂直于切削平面和基面的平面。

（4）柱截面。

通过主切削刃上任意一点作与钻头轴线平行的直线，该直线绕钻头轴线旋转所形成的圆柱面的切面称为柱截面。

3. 标准麻花钻的切削角度

依据标准麻花钻的切削刃、切削面，借助其辅助平面，我们可以较清晰地认识标准麻花钻的切削角度，如图9-15所示。

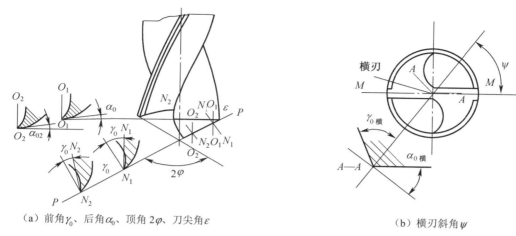

（a）前角γ_0、后角α_0、顶角2φ、刀尖角ε　　　　（b）横刃斜角ψ

图 9-15　标准麻花钻的切削角度

（1）前角γ_0。

在主截面内（如$N_1—N_1$或$N_2—N_2$），前刀面与基面的夹角称为前角。标准麻花钻的前刀面是个螺旋面，因此，主切削刃上各点的倾斜方向是不同的，从而造成主切削刃上各点的前角是不同的，靠近外缘处的前角最大，自外缘向中心逐渐减小，在距钻心$D/3$（D为钻头的直径）范围内为负值。前角的大小决定了切削材料的难易程度和切屑在前刀面上的摩擦力的大小，前角越大，切削越省力。

（2）后角α_0。

在柱截面内，主后刀面与切削平面之间的夹角称为后角。主切削刃上各点的后角也是不相等的，靠近外缘处的后角小，越靠近钻心，后角越大。后角的大小影响主后刀面与工件切削表面之间的摩擦程度，后角越小，刀刃强度越高，但摩擦越严重。因此，钻硬材料时，后角可适当小些，保证刀刃强度；钻软材料时，后角可大一些，钻削时省力；钻有色金属时，后角也不宜太大，否则可能会出现扎刀现象。

（3）顶角2φ。

标准麻花钻的顶角又称锋角或钻尖角，它是两条主切削刃在其平行平面$M—M$上的投影之间的夹角。顶角的大小可根据加工条件在钻头刃磨时决定。标准麻花钻的顶角$2\varphi=118°\pm2°$，这时两条主切削刃呈直线形。顶角的大小影响主切削刃轴向力的大小，顶角越小，轴向力越小，外缘处的刀尖角ε增大，有利于散热和提高钻头耐用度。但顶角减小后，在相同条件下，钻头所受的扭矩增大，切屑变形加剧，排屑困难，会妨碍切削液的进入。

（4）横刃斜角ψ。

横刃与主切削刃在钻头端面上的投影之间的夹角称为横刃斜角。刃磨钻头是会自然形成横刃斜角的，其大小与顶角、后角的大小有关。如果标准麻花钻的后角正确，那么横刃斜角ψ应为$50°\sim55°$；如果后角偏大，那么横刃斜角ψ偏小，横刃的长度会增加。

（5）刀尖角ε。

刀尖角是钻头的主切削刃与副切削刃在中截面$M—M$上的投影之间的夹角。

4．标准麻花钻的缺点及修磨

（1）标准麻花钻的缺点。

标准麻花钻的切削部分存在以下缺点。

① 横刃较长，横刃处的前角为负值，在切削中，横刃实际上是在刮削而不是在切削，因此产生很大的轴向力，使钻头容易发生抖动，定心不准。

② 主切削刃上各点的前角大小不一样，致使各点的切削性能不同。特别是横刃处的前角为负值，横刃处于一种刮削状态，切削性能差，会产生大量的热，磨损严重。

③ 主切削刃外缘处的刀尖角较小，前角很大，刀刃强度低，而此处的切削速度却最快，产生的切削热量最大，所以磨损极为严重。

④ 主切削刃很长，而各点切屑流出速度的大小和方向都相差很大，使切屑卷曲变形，容易堵塞螺旋槽，造成排屑困难，同时使切削液不易注入。

（2）标准麻花钻的修磨。

由于标准麻花钻存在较多的缺点，为改善其切削性能，通常根据加工要求对标准麻花钻进行修磨。修磨方法如下。

① 修磨横刃。

如图 9-16 所示，修磨横刃主要是指磨短横刃的长度，并增大靠近钻心处的前角，以减小轴向抗力和刮削现象，改善定心作用。通常修磨横刃的长度为原来的 1/5～1/3，形成内刃。当内刃斜角 τ 为 20°～30°，内刃处前角 γ_τ 为 0°～15° 时，切削性能得到改善。一般直径为 5mm 以上的钻头均需修磨横刃。

② 修磨主切削刃。

如图 9-17 所示，修磨主切削刃主要是指磨出第二个顶角 $2\varphi_r$，形成过度刃，其长度为 f_0，一般使 $2\varphi_r$=70°～75°，f_0=0.2d。这样可以增加主切削刃的总长度，增大刀尖角 ε，增加刀刃强度，提高主切削刃与棱边交角处的抗磨性，改善散热条件，从而延长钻头的使用寿命。除此之外，修磨主切削刃对提高钻孔精度也有很大帮助。

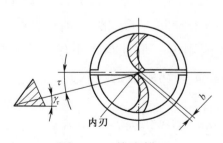

图 9-16　修磨横刃

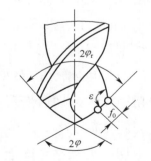

图 9-17　修磨主切削刃

③ 修磨棱边。

如图 9-18 所示，在靠近主切削刃的一段棱边上，磨出角度值为 6°～8° 的副后角 α_{01}，并使棱边的宽度为原来的 1/3～1/2，从而减少棱边对孔壁表面的摩擦，延长钻头的使用寿命。

④ 修磨前刀面。

如图 9-19 所示，把主切削刃和副切削刃交角处的前刀面修磨去一块，减小此处的前角，可以提高刀刃强度。同时，在钻削黄铜材料时，可以避免出现扎刀现象。

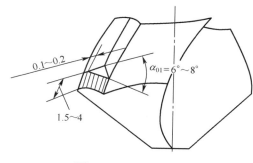 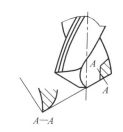

图 9-18　修磨棱边　　　　　　　　　　　　图 9-19　修磨前刀面

⑤ 修磨分屑槽。

如图 9-20 所示，为使切屑变窄以利于排出，可在钻头的两个主后刀面上磨出几条互相错开的分屑槽，改善排屑。

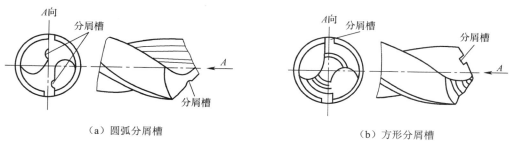

（a）圆弧分屑槽　　　　　　　　　　　　　（b）方形分屑槽

图 9-20　修磨分屑槽

5. 钻头刃磨

标准麻花钻经过一段时间的使用，切削刃、切削角等都会发生变化，影响切削效率和钻孔质量，需对钻头进行刃磨。钻头刃磨时主要刃磨两个主后刀面，同时要保证后角、顶角和横刃斜角正确。钻头刃磨的方法及步骤如下。

（1）刃磨时，应用右手握住钻头的头部，用左手握住钻头的柄部。

（2）刃磨时，钻头与砂轮的相对位置如图 9-21 所示，钻头轴线与砂轮圆柱素线在水平面内的夹角等于钻头顶角 2φ 的一半，被刃磨部分的主切削刃处于水平位置。

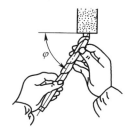 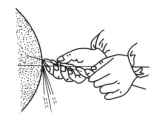

（a）控制好角度 φ　　　　　　　　　（b）磨削时，钻头必须在砂轮中心线以上

图 9-21　钻头与砂轮的相对位置

（3）刃磨时，应使主切削刃在略高于砂轮水平中心平面处先接触砂轮，如图9-21（b）所示，右手缓慢地使钻头绕自身轴线自下向上转动，同时施加适当的刃磨压力，以使整个主后刀面都能被磨到；左手配合右手做缓慢的同步下压运动，刃磨压力逐渐加大，便于磨出后角，其下压的速度及幅度随所要求的后角大小而改变。为保证钻头在靠近中心处磨出较大的后角，还应做适当的右移运动。刃磨时，两手的动作要配合协调、自然。另外，还应注意保证两个主后刀面对称。

（4）修磨横刃。钻头轴线在水平面内相对于砂轮侧面左倾大约15°角，在垂直平面内与刃磨点的砂轮半径方向大约成55°下摆角，横刃的修磨方法如图9-22所示。

（5）钻头的冷却。刃磨钻头时，刃磨压力不宜过大，并要经常蘸水冷却，以防因过热而退火，使钻头的硬度降低。

6．标准麻花钻刃磨质量的检验

在刃磨钻头时，应不断地观察、检测，查看刃磨结果是否符合要求，具体可从以下几个方面检验。

（1）钻头的两条主切削刃应对称。

若钻头的两条主切削刃不对称，则钻孔时容易出现孔扩大或孔偏斜等现象，同时钻头的磨损会加剧。为保证两条主切削刃对称，在刃磨时应经常观察，方法是使钻头的切削部分向上竖立，两眼平视，观察两条主切削刃是否对称。但由于两条主切削刃一前一后会产生视觉误差，往往感到前面的主切削刃略高于后面的主切削刃，所以要旋转180°后反复查看。如果经几次观察，结果都一样，说明钻头的两条主切削刃是对称的。当然，两条主切削刃是否对称还可以利用检验样板进行检验，如图9-23所示。

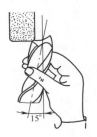

图9-22　横刃的修磨方法

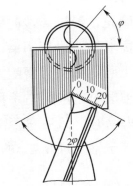

图9-23　利用检验样板检验

（2）钻头的主要切削角应满足的要求。

① 顶角 $2\varphi=118°\pm2°$。

标准麻花钻的顶角为118°。当顶角为118°时，两条主切削刃是直线；当顶角大于118°时，主切削刃呈凹形曲线；当顶角小于118°时，主切削刃呈凸形曲线，我们可以以此来目测判断顶角大小。

② 外缘处的后角 $\alpha_0=10°\sim14°$ 。

③ 横刃斜角 $\psi=50°\sim55°$ 。

（3）两个主后刀面应刃磨光滑。

任务三　铰削设备及工具

1．手动铰削工具——铰杠

铰杠是手工铰孔的工具。图 9-24 所示为活动式铰杠，将铰刀柄部方榫夹在铰杠的方孔内，扳动铰杠使铰刀旋转。这种铰杠的方孔是可以调节的，以适用于夹持不同尺寸的铰刀。

图 9-24　活动式铰杠

2．机动铰削设备——钻床

见前文所述。

任务四　铰刀

铰刀的种类很多，常见的铰刀如下。

1．整体式圆柱铰刀

整体式圆柱铰刀有手用铰刀和机用铰刀两种，如图 9-25 所示。整体式圆柱铰刀由工作部分、颈部和柄部 3 部分组成，其中工作部分分为切削部分与校准部分。

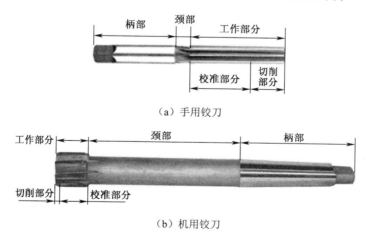

（a）手用铰刀

（b）机用铰刀

图 9-25　整体式圆柱铰刀

2．可调式手用铰刀

整体式圆柱铰刀主要用于铰削标准直径系列的孔。在单件生产和修配工作中通常需要铰削少量的非标准孔，此时应使用可调式手用铰刀，如图 9-26 所示。

图 9-26　可调式手用铰刀

3．锥铰刀

锥铰刀用于铰削圆锥孔，如图 9-27 所示。

4．螺旋槽手用铰刀

因为带有键槽的孔的键槽易把铰刀刃卡住，所以螺旋槽手用铰刀常用于铰削带有键槽的孔，如图 9-28 所示。螺旋槽手用铰刀的螺旋槽一般是左旋的。

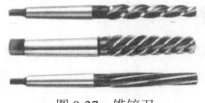

图 9-27　锥铰刀

图 9-28　螺旋槽手用铰刀

二、项目基本知识

知识点一　钻孔的步骤和方法

1．钻孔前的划线、打样冲眼

首先用划针或高度尺刃口划线，然后用样冲打出样冲眼。为便于在钻孔时检查和找正钻孔的位置，可以根据孔的直径大小划出孔的圆周线。对于直径较大的孔，需进行多次钻孔，可以划出几个大小不等的检查圆或检查方框，以便钻孔时校正，如图 9-29 所示。

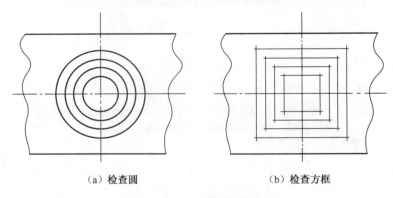

（a）检查圆　　　　　　　　　（b）检查方框

图 9-29　孔的检查线

2．装夹工件

根据工件的大小和形状、需加工孔的直径、所用钻床选用合适的装夹方法。图 9-30 所示为用机用平口虎钳装夹工件。

图 9-30　用机用平口虎钳装夹工件

3．装夹钻头

直柄钻头用钻夹头装夹。先将钻头柄部塞入钻夹头的三只夹爪内，然后用钻夹头钥匙旋转外套，使三只夹爪移动，夹紧钻头。对于锥柄钻头，应用莫氏锥度套筒直接与钻床主轴连接，当锥度不合适时，可用钻头套来调节。装夹钻头如图 9-31 所示。

（a）直柄钻头的装夹

（b）锥柄钻头的装夹

图 9-31　装夹钻头

4．选取钻削用量

（1）钻削用量。

钻削用量主要有切削速度、进给量和切削深度，如图 9-32 所示。

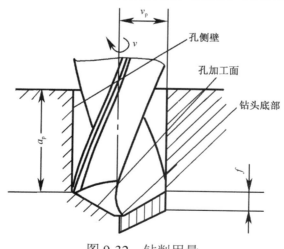

孔侧壁

孔加工面

钻头底部

图 9-32　钻削用量

① 切削速度。

切削速度是指钻孔时钻头直径上任意一点的线速度，用符号"v"表示。其计算公式为

$$v=\pi Dn/1000$$

式中　　D——钻头直径，单位为 mm；

　　　　n——钻床主轴的转速，单位为 r/min；

　　　　v——切削速度，单位为 m/min。

② 进给量。

进给量是指主轴每转一圈，钻头相对工件沿主轴轴线的移动量，用符号"f"表示，单位为 mm/r。

③ 切削深度。

切削深度指工件上已加工表面与待加工表面之间的垂直距离，也可以理解为所能切下的金属层厚度，用符号"a_p"表示。对钻削来说，切削深度可按以下公式计算：

$$a_p=v_p=D/2$$

（2）钻削用量的选取原则。

选取钻削用量的目的是在保证加工精度、表面质量、刀具合理使用寿命的前提下，尽可能使生产率最高，同时不超过机床的功率和机床、刀具、工件等的强度及刚度。

钻孔时，由于切削深度由钻头直径决定，所以只需要选择切削速度和进给量即可。

就对钻孔生产率的影响而言，切削速度 v 和进给量 f 是相同的；就对孔的表面粗糙度的影响而言，进给量 f 比切削速度 v 大；就对钻头使用寿命的影响而言，切削速度 v 比进给量 f 大。综上所述，钻孔时选取切削用量的基本原则是在允许的范围内，尽量先选较大的进给量 f，当进给量 f 受到表面粗糙度和钻头刚度的限制时，可考虑选择较大的切削速度 v。

（3）钻削用量的选取方法。

① 切削深度的选取。

在钻孔过程中，可根据实际情况选取切削深度。一般直径小于 30mm 的孔可一次性钻出；直径为 30～80mm 的孔可先用直径为$(0.5～0.7)D_孔$（$D_孔$为孔的直径）的钻头钻底孔，然后用直径为 $D_孔$ 的钻头将孔扩大。这样可以减小切削深度及轴向力，保护机床，同时可以提高钻孔质量。

② 进给量的选取。

当孔的加工精度要求较高且表面粗糙度要求较小时，应选择较小的进给量；当钻孔较深、钻头较长、钻头的刚度和强度较差时，也应选择较小的进给量。高速钢标准麻花钻的进给量如表 9-1 所示。

表 9-1　高速钢标准麻花钻的进给量

钻头直径/mm	<3	3～6	6～12	12～25	25
进给量/mm·r^{-1}	0.025～0.05	0.05～0.10	0.10～0.18	0.18～0.38	0.38～0.62

③ 切削速度的选取。

当钻头直径和进给量确定后，切削速度应根据钻头的使用寿命选取合理的数值。当钻孔较深时，应选取较小的切削速度，具体可查阅相关手册。

5．试钻

试钻是指钻孔时，先使钻头对准钻孔中心钻出一个浅坑，观察钻孔位置是否正确，并不断校正，使浅坑与划线圆同轴，如图 9-33 所示。试钻时偏位的校正方法如图 9-34 所示。如果偏位较少，可在起钻的同时用力将工件向偏位的相反方向推移，达到逐步校正的目的；如果偏位较多，可在校正的方向上打几个样冲眼或用油槽錾錾出几条槽，以减小此处的钻削阻力，达到校正的目的。

图 9-33　试钻

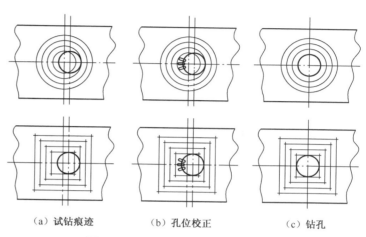

（a）试钻痕迹　　　　（b）孔位校正　　　　（c）钻孔

图 9-34　试钻时偏位的校正方法

6．钻削时添加切削液

当钻孔位置符合要求后，按选取的钻削用量进行钻削。

钻削时应注意添加切削液，其作用主要有 3 点。①冷却作用：切削液能带走大量的切削热，从而降低切削温度，延长刀具的使用寿命，同时能有效地提高生产率；②润滑作用：切削液能减小摩擦，降低切削力和切削热，减少刀具磨损，提高加工表面的质量；③清洗作用：切削液能及时冲洗掉切削过程中产生的细小切屑，以免影响工件表面的质量和机床精度。常用的切削液主要有水溶性切削液和油溶性切削液。

钻削时添加切削液的方法如图 9-35 所示。对于台式钻床等没有冷却泵和切削液输送管的钻床，可用毛刷蘸取切削液进行冷却。

（a）手工添加切削液

（b）通过切削液输送管添加切削液

图 9-35　钻削时添加切削液的方法

7．起钻

钻孔达到要求后，应将钻头抬起，停机，如图 9-36 所示。

图 9-36　起钻

8．卸钻头

直柄钻头用钻夹头钥匙进行拆卸，钻夹头钥匙的旋转方向与装夹钻头时的方向相反。锥柄钻头用楔铁进行拆卸，如图 9-37 所示。注意：卸钻头前应先停机。

（a）直柄钻头的拆卸

（b）锥柄钻头的拆卸

图 9-37　卸钻头

9．卸工件

用扳手松开机用平口虎钳，取出加工好的工件，如图 9-38 所示。

10．清理切屑

用毛刷清理机用平口虎钳及钻床工作台上的切屑，如图 9-39 所示。

图 9-38　卸工件

图 9-39　清理切屑

知识点二　钻孔的注意事项

（1）操作钻床时要做好安全防护，不可戴手套，袖口必须扎紧，必须戴工作帽（长发女工必须将长发束在工作帽内）。

（2）钻头和工件都必须夹紧，特别是在小工件上钻削较大直径的孔时，装夹必须牢固，孔将要钻穿时，要尽量减小进给力。

（3）钻通孔时，必须使钻头能通过工作台上的让刀孔或在工件下面垫上垫铁，以免钻坏工作台。

（4）启动钻床前，应检查是否有钻夹头钥匙或楔铁插在钻轴上。

（5）钻孔时不可通过用手和棉纱擦或用嘴吹等方式来清除切屑，必须用毛刷清除，钻出长条切屑时，应先用铁钩钩断再清除。

（6）钻削时，操作者的头部不可与旋转着的主轴靠得太近，停机时应让主轴自然停止，不可用手去扶，也不可采用反转制动。

（7）钻通孔时，当快要钻通时，应减小进给量。

（8）严禁在开机状态下拆装工件。检验工件和变换主轴转速必须在停机时进行。

（9）在使用过程中，钻床的工作台必须保持清洁。使用完毕后，必须将钻床外露的滑动面及工作台擦干净，并对各滑动面及各注油孔加注润滑油。清洁钻床或加注润滑油时必须切断电源。

（10）熟悉钻孔时常出现的问题及其产生的原因，以便在钻削时注意。

钻孔时常出现的问题及其产生的原因如表 9-2 所示。

表 9-2　钻孔时常出现的问题及其产生的原因

序号	问题	原因
1	孔的尺寸大于规定尺寸	① 钻头的两条主切削刃的长度不等，高低不一致； ② 钻床主轴径向偏摆或工作台未锁紧，松动； ③ 钻头本身弯曲或装夹不到位，使钻头出现过大的径向圆跳动
2	孔壁粗糙	① 钻头不锋利； ② 进给量太大； ③ 切削液选用不当或供应不足； ④ 钻头过短，螺旋槽堵塞
3	孔偏位	① 工件划线不正确； ② 钻头横刃太长、定心不准； ③ 试钻过偏，没有校正
4	孔歪斜	① 工件与孔垂直的平面和主轴不垂直或钻床主轴和工作台不垂直； ② 安装工件时，接触面上的切屑未清除干净； ③ 工件装夹不牢，钻孔时产生歪斜或工件有砂眼； ④ 进给量过大，使钻头产生弯曲、变形
5	钻孔呈多角形	① 钻头后角太大； ② 钻头两条主切削刃长短不一，角度不对称
6	钻头工作部分折断	① 钻头用钝后仍继续钻孔； ② 钻孔时未经常退钻排屑，使切屑在螺旋槽内堵塞； ③ 孔将要钻通时没有减小进给量； ④ 进给量过大； ⑤ 工件未夹紧，钻孔时产生松动； ⑥ 在钻黄铜一类的软金属时，钻头后角太大，前角没有修磨小，造成扎刀
7	切削刃迅速磨损或碎裂	① 切削速度太快； ② 没有根据材料硬度来刃磨钻头； ③ 工件表面、内部硬度高或有砂眼； ④ 进给量过大； ⑤ 切削液供应不足

知识点三　铰削加工中的参数

铰削加工中的参数包括铰削余量 $2a_p$、机铰切削速度 v 和机铰进给量 f。

1．铰削余量

铰削余量指的是上道工序（钻孔或扩孔）完成后留下的直径方向的加工余量，具体要求如图 9-40 所示。在进行铰削加工时，铰削余量不宜过大，因为铰削余量过大会使刀齿的切削负荷增大，变形增大，切削热增加，铰刀直径胀大，被加工表面呈撕裂状态，尺寸精度降低，表面粗糙度增大，并加剧铰刀磨损；铰削余量也不宜太小，否则上道工序残留的变形难以纠正，原有刀痕不能去除，铰削质量达不到要求。

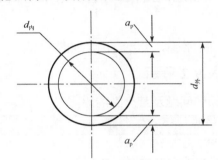

(1) 余量：$A=d_{外}-d_{内}=2a_p\leqslant 1\text{mm}$
(2) 精铰：$A_{精}=2a_p=0.1\sim 0.2\text{mm}$
(3) 粗铰：$A_{粗}=A-A_{精}$（余量较多时）

图 9-40　铰削余量具体要求

选取铰削余量时，应考虑孔径大小、材料的软硬程度、尺寸精度、表面粗糙度要求及铰刀的类型等因素的综合影响。用普通标准高速钢铰刀铰孔时，可参考表 9-3 选取铰削余量。

表 9-3　铰削余量参考值　　　　　　　　　　　　　　　单位：mm

铰孔直径	<5	5～20	21～32	33～50	51～70
铰削余量	0.1～0.2	0.2～0.3	0.3	0.5	0.8

2．机铰切削速度

为了得到较小的表面粗糙度，避免产生刀瘤，减少切削热及变形，应采取较小的切削速度。用高速钢铰刀铰削钢件时，切削速度 $v=4\sim 8\text{m/min}$；铰削铸铁时，切削速度 $v=6\sim 8\text{m/min}$；铰削铜件时，切削速度 $v=8\sim 12\text{m/min}$。

3．机铰进给量

机铰钢件及铸铁件时，进给量 $f=0.5\sim 1\text{mm/r}$；机铰铜件、铝件时，进给量 $f=1\sim 1.2\text{mm/r}$。

4．铰孔精度与表面粗糙度

铰孔精度一般为 IT9～IT7 级；表面粗糙度 Ra 一般为 3.2～0.8μm。

知识点四　铰孔时的冷却、润滑

铰削时必须用适当的切削液来减少摩擦，降低工件和铰刀的温度，防止产生刀瘤，及时带走黏附在铰刀和孔壁上的切屑碎末，从而使孔壁光洁，并减少孔径扩张量。铰孔时切削液的选用如表 9-4 所示。

表 9-4　铰孔时切削液的选用

加工材料	切削液
钢	① 浓度为 10%～20%的乳化液； ② 当铰孔的要求高时，可用 30%菜油（如菜籽油、花生油、大豆油等）加 70%肥皂水； ③ 当铰孔的要求更高时，可用菜油、柴油、猪油等
铸铁	① 煤油，但会引起孔径缩小，最大缩小量达 0.02～0.04mm； ② 低浓度的乳化液； ③ 也可不用切削液
铝	煤油
铜	乳化液

知识点五　铰孔的步骤和方法

1. 手工铰孔的步骤和方法

① 将手用铰刀装夹在铰杠上，如图 9-41 所示。

② 起铰。在手用铰刀铰削前，可单手对手用铰刀施加压力，所施加的压力必须通过铰孔的轴线，同时转动铰刀起铰，如图 9-42 所示。

图 9-41　装夹手用铰刀

图 9-42　起铰

③ 铰削。正常铰削时，两手用力要均匀、平稳，不得有侧向压力，同时适当加压，使手用铰刀均匀地进给，以保证手用铰刀正确铰削，获得较小的表面粗糙度，并避免孔口形成喇叭状或将孔径扩大，如图 9-43 所示。铰削时根据表 9-4 添加切削液。

④ 在用手用铰刀铰孔或退出手用铰刀时，手用铰刀均不能反转，以防刃口磨钝或将切屑嵌入刀具后刀面与孔壁之间，划伤孔壁。退铰时，要按铰削方向边旋转边向上提起手用铰刀，如图 9-44 所示。

图 9-43　铰削

图 9-44　退铰

2．机铰

机铰的步骤和方法省略，同学们可自行参阅其他教材或资料。

知识点六　铰孔的注意事项

1．手工铰孔的注意事项

① 工件的装夹位置要正确，应使手用铰刀的中心线与孔的中心线重合。对薄壁工件施加的夹紧力不要过大，以免将孔夹扁，铰削后产生变形。

② 铰削进给时，不要用过大的力压铰杠，而应随着手用铰刀的旋转轻轻地对铰杠加压，使手用铰刀缓慢地进入孔内，并均匀地进给，以保证孔的加工质量。

③ 注意变换手用铰刀每次停歇的位置，以消除手用铰刀在同一处停歇所造成的振痕。

④ 铰削钢件时，切屑碎末容易黏附在刀齿上，应经常清理。

⑤ 铰削过程中，当手用铰刀被切屑卡住时，不能用力扳转铰杠，以防损坏手用铰刀。应想办法将手用铰刀退出，清除切屑后，再加切削液，继续铰削。

⑥ 铰削时应选择适当的切削液，以减少摩擦并降低刀具和工件的温度。

2．机铰的注意事项

略。

3．圆锥孔的铰削

① 铰削尺寸较小的圆锥孔。先根据圆锥孔小端的直径钻出圆柱孔并留有铰削余量，孔口根据圆锥孔大端的直径锪出 45° 的倒角，然后用圆锥铰刀铰削。在铰削过程中，一定要及时用精密配锥（或圆锥销）试深以控制铰孔的尺寸，如图 9-45 所示。

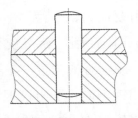

图 9-45　用圆锥销检查铰孔的尺寸

② 铰削尺寸较大的圆锥孔。铰孔前先将工件钻出阶梯孔，如图 9-46 所示。阶梯个数可根据圆锥孔的锥度确定，阶梯孔的最小直径根据圆锥孔小端的直径确定，并留有铰削余量。

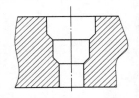

图 9-46　预钻阶梯孔

132

4．铰孔时常见的问题及其产生的原因

铰孔时常见的问题及其产生的原因，如表 9-5 所示。

表 9-5　铰孔时常见的问题及其产生的原因

序号	问题	原因
1	加工表面的表面粗糙度大	① 铰削余量太大或太小； ② 铰刀切削刃不锋利，刃口崩裂或有缺口； ③ 没使用切削液或切削液选取不适当； ④ 铰刀退出时反转或手工铰孔时，铰刀旋转不平稳； ⑤ 切削速度太快，产生刀瘤或切削刃上黏附切屑； ⑥ 螺旋槽内切屑堵塞
2	孔呈多角形	① 铰削余量太大，铰刀振动； ② 铰孔前钻孔不圆，铰刀发生弹跳现象
3	孔径缩小	① 铰刀磨损； ② 铰削铸铁件时加入了煤油； ③ 铰刀已钝
4	孔径扩大	① 铰刀中心线与钻孔中心线不同轴； ② 铰孔时两手用力不均匀； ③ 铰削钢件时没有加切削液； ④ 进给量与铰削余量太大； ⑤ 机铰时，钻轴摆动太大； ⑥ 切削速度太快，铰刀热膨胀； ⑦ 操作粗心、铰刀直径大于要求尺寸； ⑧ 铰削圆锥孔时，未及时用圆锥销检查

项目学习评价

一、思考练习题

（1）简述标准麻花钻的各切削角，说明各切削角的作用。

（2）标准麻花钻在结构上有哪些缺点？会对钻削造成哪些不良影响？该如何修磨？

（3）钻削时的主运动和进给运动各是什么？

（4）什么是钻削用量？如何选取钻削用量？

（5）钻削时为什么要添加切削液？如何选用切削液？

（6）试钻时发生了孔偏位，应如何纠正？

（7）钻削时有哪些注意事项？

（8）什么是标准麻花钻的刃磨？如何刃磨？怎样检验刃磨质量？

（9）什么是铰削用量？如何选取铰削用量？

（10）简述手工铰孔的步骤，并说明在铰削时有哪些注意事项。

二、项目评价

（1）根据表 9-6 中的项目评价内容进行自评、互评、教师评。

表 9-6　项目评价表

评价方面	项目评价内容	分值/分	自评	互评	教师评	得分/分
理论知识	① 熟悉标准麻花钻的结构，能迅速判断出普通麻花钻切削部分的五刃六面及切削角	10				
	② 会检验标准麻花钻的刃磨质量	10				
	③ 掌握钻削用量的选取方法、原则	10				
	④ 掌握铰削用量的选取方法、原则	10				
实操技能	① 能正确使用钻床，特别是台式钻床和摇臂钻床的操作方法；掌握一般的钻孔方法及步骤，对深孔加工有一定的了解	10				
	② 掌握标准麻花钻的修磨方法	10				
	③ 掌握整体式圆柱铰刀的使用方法，并能用它进行铰孔，对可调式手用铰刀和锥铰刀的使用有初步的了解	20				
安全文明生产和职业素质培养	① 学习努力	5				
	② 积极肯干	5				
	③ 按规范进行操作	10				

（2）根据表 9-7 中的评价内容进行自评、互评、教师评。

表 9-7　小组学习活动评价表

班级：_____　　小组编号：_____　　成绩：_____

评价项目	评价内容及分值			自评	互评	教师评
分工合作	优秀（12～15 分）	良好（9～11 分）	继续努力（9 分以下）			
	小组成员分工明确，任务分配合理，有小组分工职责明细表	小组成员分工较明确，任务分配较合理，有小组分工职责明细表	小组成员分工不明确，任务分配不合理，无小组分工职责明细表			
获取信息	优秀（12～15 分）	良好（9～11 分）	继续努力（9 分以下）			
	能使用适当的搜索引擎从网络等多种渠道获取信息，并合理地选择信息、使用信息	能从网络或其他渠道获取信息，并较合理地选择信息、使用信息	能从网络或其他渠道获取信息，但信息选择不正确，信息使用不恰当			
实操技能	优秀（16～20 分）	良好（12～15 分）	继续努力（12 分以下）			
	能按技能目标要求规范完成每项实操任务，能准确理解钻削的作用，能熟练使用钻削工具，掌握钻孔的步骤	能按技能目标要求规范完成每项实操任务，但不能准确理解钻削的作用、不能熟练使用钻削工具或未掌握钻孔的步骤	能按技能目标要求完成每项实操任务，但规范性不够；不能准确理解钻削的作用，不能熟练使用钻削工具，未掌握钻孔的步骤			
基本知识分析讨论	优秀（16～20 分）	良好（12～15 分）	继续努力（12 分以下）			
	讨论热烈、各抒己见，概念准确、思路清晰、理解透彻，逻辑性强，并有自己的见解	讨论没有间断、各抒己见，分析有理有据，思路基本清晰	讨论能够展开，分析有间断，思路不清晰，理解不透彻			

评价项目	评价内容及分值			自评	互评	教师评
成果展示	优秀（24～30分）	良好（18～23分）	继续努力（18分以下）			
	能很好地理解项目的任务要求，成果展示的逻辑性强，能熟练地利用信息技术（如互联网、显示屏等）进行成果展示	能较好地理解项目的任务要求，成果展示的逻辑性较强，能较熟练地利用信息技术（如互联网、显示屏等）进行成果展示	基本理解项目的任务要求，成果展示停留在书面和口头表达，不能熟练地利用信息技术（如互联网、显示屏等）进行成果展示			
总分						

项目小结

各类工件上经常需要进行钻孔，钻削是用钻头对工件表面进行切削加工，使其尺寸、形状、位置和表面粗糙度等满足要求的加工方法，也是钳工需掌握的最基本、最重要的基本功之一。

由于钻削的尺寸精度一般为 IT10～IT11 级，表面粗糙度大于 12.5μm，生产效率也比较低，因此，钻削用于粗加工，如对尺寸精度和表面粗糙度要求不高的螺钉孔、油孔和螺纹底孔等进行加工。但对尺寸精度和表面粗糙度要求较高的孔，也要将钻削作为预加工工序。

在单件、小批量生产中，中小型工件上的小孔（直径<12mm）常用台式钻床加工，中小型工件上直径较大的孔（直径<35mm）常用立式钻床加工；大中型工件上的孔应采用摇臂钻床加工；回转体工件上的孔多在车床上加工。

在成批和大批量生产中，为了保证加工精度，提高生产效率，降低加工成本，可使用钻模、多轴钻或组合机床进行孔加工。

项目十　螺纹加工

教学辅助微视频

项目情境创设

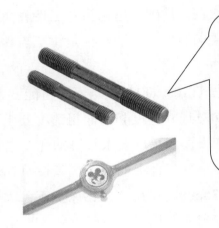

　　减速器箱体上的螺孔（内螺纹）、螺柱（外螺纹）及自来水管道连接件上都有螺纹，这些螺纹经常由钳工完成制作。那么钳工如何加工螺孔、螺柱呢？需要用到哪些工具设备呢？具体操作步骤和注意事项有哪些呢？本项目重点介绍攻丝（加工内螺纹）和套丝（加工外螺纹）的方法。

项目学习目标

	学习目标	学习方式	学时
技能目标	① 掌握攻丝的步骤和方法； ② 掌握套丝的步骤和方法	现场实操教学	2
知识目标	① 掌握攻丝前底孔直径和不通孔深度的确定方法； ② 掌握套丝前工件圆杆直径的确定方法； ③ 能对攻丝质量进行分析； ④ 能对套丝质量进行分析	理论、讲授、实例分析	4
素养目标	① 通过网络查询各种螺纹加工工具，了解螺纹加工工具的使用方法，激发对攻丝和套丝的兴趣； ② 通过小组讨论，提高获取信息的能力； ③ 通过相互协作，树立团队合作意识	网络查询、小组讨论、相互协作	课余时间

项目任务分析

　　本项目通过对攻丝与套丝相关内容的介绍，使学生掌握攻丝工具与套丝工具的使用方法，能根据加工对象合理选用攻丝工具与套丝工具，能熟练使用丝锥和板牙加工工件。同学们在提高实操技能的同时，要注意对攻丝与套丝基本理论知识的学习，为今后的工作奠定基础。

一、项目基本技能

任务一　攻丝设备及工具

用丝锥在工件孔中切削出内螺纹的加工方法称为攻丝。常用的攻丝、套丝工具箱如图 10-1 所示。

图 10-1　常用的攻丝、套丝工具箱

（1）手工攻丝工具。

常用的手工攻丝工具是铰杠，有普通铰杠和丁字铰杠之分，普通铰杠如图 10-2 所示。

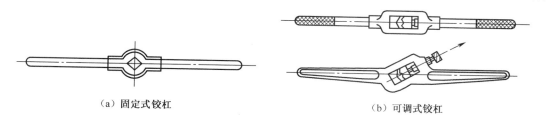

（a）固定式铰杠　　　　　　　　（b）可调式铰杠

图 10-2　普通铰杠

① 普通铰杠。

固定式铰杠上孔的尺寸是固定的，使用时要根据丝锥的尺寸来选择不同规格的铰杠。这种铰杠制造方便、成本低，多用于 M5 以下的丝锥。

可调式铰杠上孔的尺寸可以调节，因此应用范围广。常用可调式铰杠的柄长有 150mm、225mm、275mm、375mm、475mm、600mm 共 6 种规格，以适应不同规格的丝锥，如表 10-1 所示。

表 10-1　可调式铰杠的柄长

可调式铰杠的柄长/mm	150	225	275	375	475	600
适用的丝锥	M5～M8	M8～M12	M12～M14	M14～M16	M16～M22	M24 以上

② 丁字铰杠。

丁字铰杠适用于攻制工件台阶旁边或机体内部的螺纹。丁字铰杠也有固定式和可调式两种，固定式丁字铰杠如图 10-3 所示。

可调式丁字铰杠通过一个四爪的弹簧夹头来夹持不同尺寸的丝锥，一般用于 M6 以下的丝锥。

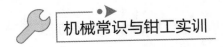

（2）机工攻丝工具。

机工攻丝一般在钻床上完成，要用快换夹头或丝锥夹头来装夹丝锥和传递攻丝转矩，如图 10-4 所示。

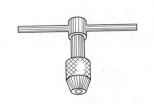

（a）快换夹头

（b）丝锥夹头

图 10-3　固定式丁字铰杠

图 10-4　机工攻丝丝锥夹头

任务二　丝锥

丝锥是加工内螺纹的刀具，其结构如图 10-5 所示。

1. 丝锥的结构

丝锥由工作部分和柄部组成。其中，工作部分又分为切削部分和校准部分。对于手用丝锥来说，柄部的方榫是用来夹持的。

丝锥切削部分的前角 γ_0 一般为 $8°\sim10°$，后角 α_0 为 $6°\sim8°$，起切削作用。丝锥的校准部分和标准螺纹一样有完整的牙型，用来修光和校准已切出的螺纹，并引导丝锥沿轴向前进。丝锥校准部分的大径、中径、小径均有 $(0.05\sim0.12)/100$ 的倒锥，以减小与螺孔的摩擦，从而减小所攻螺纹的扩张量。

为了排屑方便，丝锥上开有容屑槽，如图 10-6 所示。若为了制造和刃磨方便，则可将丝锥的容屑槽制成直的；若为了控制排屑方向，则可将丝锥的容屑槽制成螺旋形的。加工不通孔螺纹时，可将丝锥的容屑槽制成右螺旋形的，切屑向上排出；加工通孔螺纹时，可将丝锥的容屑槽制成左螺旋形的，切屑向下排出。

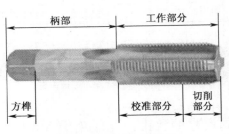

图 10-5　丝锥的结构

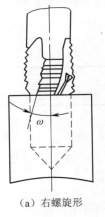

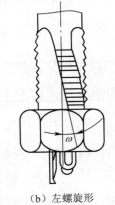

（a）右螺旋形　　　　（b）左螺旋形

图 10-6　丝锥的容屑槽

2．丝锥的分类

丝锥可分为机用丝锥和手用丝锥两类，如图10-7所示。机用丝锥通常由高速钢制成，一般是单独一支。手用丝锥由碳素工具钢或合金工具钢制成，一般由两支或者三支组成一组。

（a）机用丝锥　　　　　　　　　　　　　　　　（b）手用丝锥（成组）

图 10-7　丝锥的分类

对于成组丝锥，为了减小切削力和延长其使用寿命，一般将切削用量分配给几支丝锥承担。通常 M6～M24 的丝锥一组有两支，分别称为头锥、二锥；M6 以下及 M24 以上的丝锥一组有三支，分别称为头锥、二锥和三锥。

3．成组丝锥切削用量的分配方式

对于成组丝锥，切削用量的分配有锥形分配和柱形分配两种方式。

（1）锥形分配。

如图10-8（a）所示，一组丝锥中，每支丝锥的大径、中径、小径都相等，只是切削部分的切削锥角及长度不等，这种锥形分配切削用量的丝锥也叫作等径丝锥。当攻通孔螺纹时，用头锥可一次性切削完成，其他丝锥用得则较少。由于头锥可一次性切削完成，切削厚度大，切屑变形严重，因此加工出来的表面粗糙度大。同时，头锥的磨损也比较严重，一般 M12 以下的丝锥采用锥形分配。图 10-8（a）中，$L_{切}$ 表示导锥的长度；P 表示丝锥的牙距；φ 表示导锥角。

（2）柱形分配。

如图10-8（b）所示，柱形分配切削用量的丝锥也叫作不等径丝锥，即头锥和二锥的大径、中径、小径都比三锥小。头锥的大径小，二锥的大径大，切削用量分配得比较合理，各丝锥的磨损量差别小，使用寿命长。三锥参与少量的切削，所以加工出来的表面粗糙度较小。一般 M12 以上的丝锥采用柱形分配。图 10-8（b）中，$L_{切}$ 表示导锥的长度；P 表示丝锥的牙距；φ 表示导锥角；d_2 表示丝锥螺纹大径；d'_2 表示丝锥螺纹中径；d''_2 表示丝锥螺纹小径。

4．丝锥标志

每一种丝锥都有相应的标志，熟悉丝锥的标志对正确使用、选择丝锥是很重要的。丝锥上的标志有制造厂商（本书中不体现）、螺纹代号、丝锥公差带代号、不等径成组丝锥的头锥代号等内容，如表10-2所示。

机械常识与钳工实训

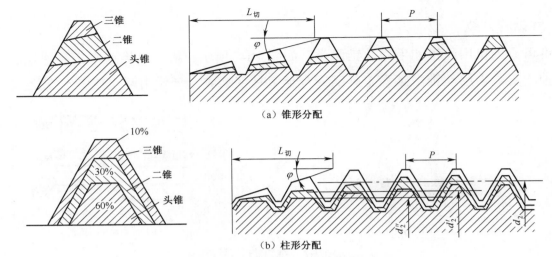

图 10-8　成组丝锥切削用量的分配

表 10-2　丝锥标志

丝锥类型	丝锥标志	说明
机用丝锥中锥	M10-H1	粗牙普通螺纹、螺纹直径为10mm、螺距为1.5mm、公差带为H1、单支机用丝锥中锥
机用丝锥	2-M12-H2	粗牙普通螺纹、螺纹直径为12mm、螺距为1.75mm、公差带为H2、两支一组等径机用丝锥
机用丝锥（不等径）	2-M27-H1	粗牙普通螺纹、螺纹直径为27mm、螺距为3 mm、公差带为H1、两支一组不等径机用丝锥
手用丝锥中锥	M10	粗牙普通螺纹、螺纹直径为10mm、螺距为1.5mm、公差带为H4、单支手用丝锥中锥
长柄机用丝锥	M6-H2	粗牙普通螺纹、螺纹直径为6mm、螺距为1mm、公差带为H2、长柄机用丝锥
短柄螺母丝锥	M6-H2	粗牙普通螺纹、螺纹直径为6mm、螺距为1mm、公差带为H2、短柄螺母丝锥
长柄螺母丝锥	I-M6-H2	粗牙普通螺纹、螺纹直径为6mm、螺距为1mm、公差带为H2、I 型长柄螺母丝锥

任务三　套丝工具的认知

1. 板牙

（1）圆板牙。

圆板牙的外形像一个圆螺母，由切削部分、校准部分、排屑孔等组成，如图 10-9 所示。圆板牙的外圆柱面上分布着若干个用于装卡螺钉或调整螺钉的锥孔。圆板牙两端的切削部分是一样的，一端磨损后，可换另一端使用。

图 10-9　圆板牙

140

（2）管螺纹板牙。

管螺纹板牙分为圆柱管螺纹板牙和圆锥管螺纹板牙。

圆柱管螺纹板牙与圆板牙相似。

圆锥管螺纹板牙（见图10-10）只在单面制成切削部分，故只能单面套丝，而且所有的切削刃都参加切削，所以切削很费力。

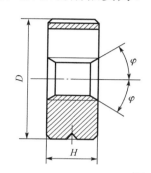 

图 10-10　圆锥管螺纹板牙

2．板牙架。

板牙架用于装夹板牙，板牙装入后，用螺钉紧固，如图10-11所示。

（a）板牙架　　　　　　　　　　　　　　（b）组装好的板牙和板牙架

图 10-11　板牙架

二、项目基本知识

知识点一　攻丝的步骤和方法

1．攻丝前底孔直径和不通孔深度的确定

（1）底孔直径的确定。

攻丝时，丝锥在切削金属的同时，还有较强的挤压作用，使攻出螺纹的小径小于底孔直径。因此，攻丝前的底孔直径应稍大于螺纹的小径，否则会因攻丝时的挤压作用使螺纹牙顶与丝锥牙底之间没有足够的容屑空间，从而将丝锥箍住，折断丝锥，这种情况在攻塑性较大的材料时尤为严重。但是底孔直径也不宜过大，否则会使螺纹牙高不够而降低强度。底孔直径的大小要根据工件材料的塑性及钻孔的扩张量考虑。

① 在加工钢和塑性较大的材料时，底孔直径的计算公式为

$$D_孔=D-P$$

式中　$D_孔$——螺纹底孔直径（mm）；

　　　D——螺纹大径（mm）；

　　　P——螺距（mm）。

② 在加工铸铁和塑性较小的材料时，底孔直径的计算公式为

$$D_孔=D-(1.05\sim1.1)P$$

式中　D——螺纹大径（mm）；

　　　P——螺距（mm）。

若加工英制螺纹，可在攻制前从有关手册中查出钻底孔的钻头直径。

公制螺纹的底孔直径可从表 10-3 中查出。

表 10-3　公制螺纹的底孔直径　　　　　　　　　　单位：mm

螺纹大径	普通螺纹钻孔尺寸		攻细牙螺纹前的钻孔尺寸			
	螺距	底孔直径	螺距	底孔直径	螺距	底孔直径
3.0	0.5	2.5	0.35	2.1		
3.5	0.6	2.9	0.35	3.1		
4.0	0.7	3.3	0.5	3.5		
4.5	0.75	3.7	0.5	4.0		
5.0	0.8	4.2	0.5	4.5		
6.0	1	5	0.6	5.2		
8.0	1.25	6.8	0.75	7.2	1	7
10.0	1.5	8.5	0.75	9.2	1	9
12.0	1.75	10.2	1.5	10.5	1	11
14.0	2	12	1.5	12.5	1	13
16.0	2	14	1.5	14.5	1	15
18.0	2.5	15.5	1.5	16.5	1	17
20.0	2.5	17.5	1.5	18.5	1	19
22.0	2.5	19.5	1.5	20.5	1	21
24.0	3	21	1.5	22.5	1	23
27.0	3	24	1.5	25.5	1	26
10	1.25	8.7				
12	1.25	10.7				
14	1.25	12.7				
M16	2	14				
M20	2	18				
M22	2	20				

（2）攻不通孔螺纹前底孔深度的确定。

攻不通孔螺纹时，由于丝锥切削部分有锥角，端部不能切出完整的牙型，所以底孔深度要大于螺纹的有效深度。一般为

$$H_{钻}=h_{有效}+0.7D$$

式中　$H_{钻}$——底孔深度（mm）；

　　　$h_{有效}$——螺纹有效深度（mm）；

　　　D——螺纹大径（mm）。

【例题】分别计算在钢件和铸铁件上攻 M12 螺纹时的底孔直径。若攻不通孔螺纹，其螺纹有效深度为 50 mm，则底孔深度为多少（$2\phi=120°$，只计算钢件）？

解：查阅有关手册可知，M12 螺纹的螺距 $P=1.75$mm。

① 在钢件上攻丝时的底孔直径为

$$D_{孔}=D-P=12-1.75=10.25\text{mm}$$

② 在铸铁件上攻丝时的底孔直径为

$$D_{孔}=D-(1.05\sim1.1)P=12-(1.05\sim1.1)\times1.75=10.1625\sim10.075\text{mm}$$

取 $D_{孔}=10.1$mm（按钻头直径标准系列取一位小数）。

③ 在钢件上攻丝时的底孔深度为

$$H_{钻}=h_{有效}+0.7D=50+0.7\times12=58.4\text{mm}$$

2．攻丝的步骤和方法

攻丝的步骤和方法如表 10-4 所示。

表 10-4　攻丝的步骤和方法

步骤	图示	说明
（1）划线、钻底孔		根据前面所学知识，钻出合适的底孔
（2）锪倒角		通孔两端都需倒角，目的是使丝锥开始切削时容易进入，并防止在孔口挤压出凸台。可用 90°锪钻倒角，倒角的最大直径等于或略大于螺纹大径
（3）装夹工件		通常可将工件夹持在台虎钳上

步骤	图示	说明
（4）装夹丝锥		
（5）起攻		将头锥放入铰杠方孔，并将头锥夹紧，将丝锥切削部分放入工件孔内，用一只手的手掌按住铰杠中部，沿丝锥轴线用力加压，另一只手配合沿顺时针（右旋螺纹）方向旋进
（6）检查校正		攻丝时，应保证丝锥中心线与底孔中心线重合，在丝锥攻入1～2圈时，应用直角尺从前后、左右两个方向检查校正，直至符合要求
（7）攻丝		当丝锥的切削部分全部进入工件时，就无须再施加压力了，靠丝锥做旋进切削即可。在攻丝时，两手握住铰杠两端，用力要均衡，旋转要平稳。每旋进1/2～1圈时，应将丝锥反转1/4～1/2圈，以割断和排除切屑，防止切屑堵塞容屑槽，造成丝锥的损坏和折断
（8）退出丝锥		先用铰杠反向平稳旋转，当能用手直接旋动丝锥时，停止使用铰杠，用手旋出，以防铰杠带动丝锥退出时产生摇摆和振动，损坏螺纹的表面
（9）换用二锥、三锥进行二攻、三攻		换用另一丝锥时，应先用手将丝锥旋入已攻出的螺纹中，直到用手旋不动时，再用铰杠攻丝，方法同上

知识点二　攻丝的注意事项

1. 攻盲孔的注意事项

攻盲孔时，应在丝锥上做标记，攻丝时应经常退出丝锥，排除孔中的切屑，避免因切屑堵塞使丝锥折断或攻丝深度不够。清理孔中切屑时，不能直接用嘴吹，可将工件倒过来，如图 10-12 所示。若工件无法倒向，则可用小弯管吹出或用磁性针棒将切屑吸出。

图 10-12　倒切屑

2. 攻通孔的注意事项

① 攻通孔时，丝锥的校准部分不要全部攻出，避免扩大或损坏孔口最后几道螺纹。

② 攻韧性材料的螺纹时，要加切削液，降低切削阻力，提高螺纹质量，延长丝锥的使用寿命。攻钢件时，可将机油作为切削液，对螺纹质量要求高的可用工业植物油；攻铸铁件时，可将煤油作为切削液。

知识点三　攻丝质量的分析

攻丝时产生废品的原因及防止方法如表 10-5 所示。

表 10-5　攻丝时产生废品的原因及防止方法

序号	废品形式	产生原因	防止方法
1	螺纹乱扣、断裂、撕破	① 底孔直径太小，丝锥攻不进，使孔口乱扣； ② 头锥攻过后，二攻时二锥放置不正。头锥和二锥的中心不重合； ③ 螺孔偏斜很多，用丝锥强行借正失败； ④ 攻低碳钢及塑性好的材料时，没有添加切削液； ⑤ 丝锥的切削部分磨钝； ⑥ 手动攻丝时，铰杠掌握不正，丝锥左右摇摆； ⑦ 丝锥刀刃上有积屑瘤； ⑧ 丝锥没有经常反转，切屑堵塞； ⑨ 攻不通孔螺纹时，攻到底后仍强攻	① 认真检查底孔，选择合适的底孔钻头，先将孔扩大再攻丝； ② 先用手将二锥旋入螺孔内，使头锥、二锥的中心重合，再攻丝； ③ 保持丝锥轴线与底孔中心线重合，操作时两手用力均衡，偏斜太多时不要强行借正； ④ 应添加切削液； ⑤ 将丝锥后角修磨锋利； ⑥ 两手握住铰杠，用力要均匀，不得左右摇摆； ⑦ 用油石磨掉积屑瘤； ⑧ 丝锥每旋进 1～2 圈后，反转 1/2 圈，切断切屑； ⑨ 攻不通孔螺纹时，在丝锥上做出标记，攻到标记处时停止攻丝
2	螺纹偏斜	① 丝锥与工件端面不垂直； ② 铸件内有较大的砂眼或夹渣； ③ 攻丝时两手用力不均衡，倾向于一侧； ④ 机攻时，丝锥轴线与底孔中心线不重合	① 起削时要使丝锥与工件端面垂直，并注意检查与校正； ② 攻丝前注意检查底孔，若砂眼太大或有夹渣，则不宜攻丝； ③ 要始终保持两手用力均衡，不要摆动； ④ 钻完底孔后，不改变钻床主轴与工件的位置，直接攻丝
3	螺纹牙高不够	① 底孔直径太大； ② 丝锥磨损	① 正确计算底孔直径与钻头直径； ② 修磨或更换丝锥

知识点四　套丝的步骤和方法

套丝的步骤和方法如表 10-6 所示。

表 10-6　套丝的步骤和方法

步骤	图示	说明
（1）倒角		圆杆端部需倒角，倒成半角为 15°～20° 的圆锥体，如下图所示。以便使圆板牙起套时容易切入工件并进行正确引导 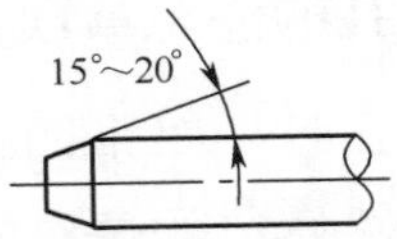 15°～20°
（2）装夹工件		圆杆应装夹在用磁性 V 形铁或软金属（如铜皮等）制成的垫中夹紧，以防圆杆夹持偏斜或夹出痕迹
（3）起套	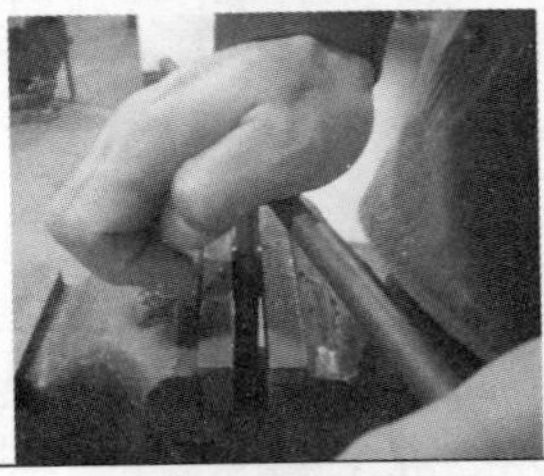	圆板牙端面垂直于圆杆轴线方向接触工件，用一只手的手掌按住圆板牙中部，沿圆杆轴线方向施加压力，另一只手配合向顺时针（右旋螺纹）方向旋进，转动要慢，压力要大
（4）套丝	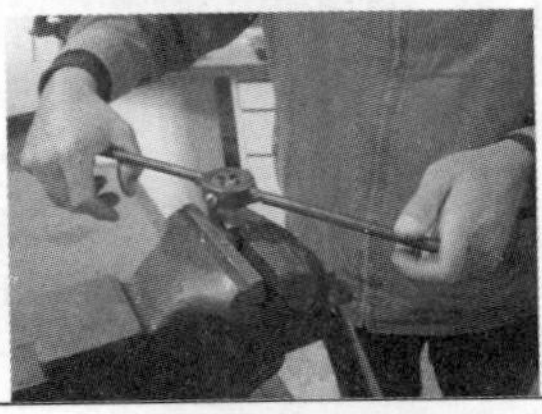	当圆板牙切入圆杆 1～2 圈时，应检查和校正圆板牙与圆杆的相对位置，使圆板牙端面垂直于圆杆轴线方向；当圆板牙切入圆杆 3～4 圈时，停止施加压力，使圆板牙自然旋进
（5）断屑	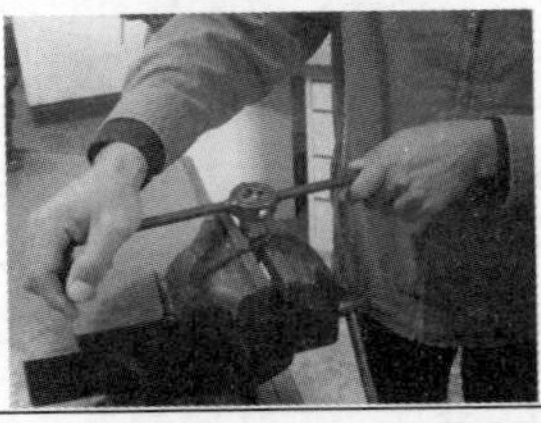	在套丝过程中，应经常使圆板牙反转 1/4～1/2 圈进行断屑，以免切屑过长
（6）反转圆板牙、取出圆板牙	 （a）反转圆板牙 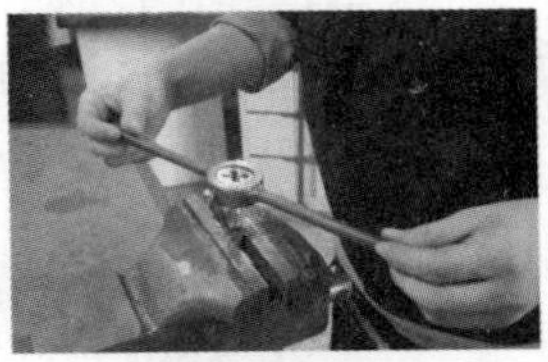 （b）双手取出圆板牙	当套丝长度达到要求后，将圆板牙反转旋出，并用双手取出圆板牙

知识点五 套丝的注意事项

（1）套丝前工件圆杆直径的确定。

用圆板牙在工件上套丝时，材料因挤压而变形，螺纹牙顶会升高。因此，圆杆直径应小于螺纹直径，一般圆杆直径可按下面的公式计算得出：

$$D=d-0.13P$$

式中 D——圆杆直径（mm）；

d——螺纹直径（mm）；

P——螺距（mm）。

圆杆直径也可通过查阅相关手册得到。

（2）套丝时应适当添加切削液（如机油、植物油等），降低切削阻力，提高螺纹质量，延长圆板牙的使用寿命。切削液的选择方法可查阅相关手册。

（3）在套直径大于 12mm 的螺纹时，一般采用可调节圆板牙，分 2～3 次套成，这样既能避免扭裂和损坏圆板牙，又能保证螺纹质量，减小切削阻力。

知识点六 套丝质量的分析

套丝时产生废品的原因及防止方法如表 10-7 所示。

表 10-7 套丝时产生废品的原因及防止方法

序号	废品形式	产生原因	防止方法
1	乱扣（烂牙）	① 对低碳钢等塑性好的材料套丝时，未添加切削液，圆板牙把工件上的螺纹粘去了一部分； ② 被加工的圆杆直径太大； ③ 套丝时，圆板牙一直不反转，切屑堵塞，啃坏螺纹； ④ 圆板牙歪斜太多，在借正时造成乱扣	① 对塑性材料套丝时一定要添加合适的切削液； ② 把圆杆直径加工到合适的尺寸； ③ 圆板牙正转1～1.5圈后，就要反转1/4～1/2圈，使切屑断裂； ④ 套丝时，圆板牙端面要与圆杆轴线垂直，并经常检查。当发现略有歪斜时，要及时借正
2	螺纹一边深一边浅	① 圆杆端头倒角没倒好，使圆板牙端面与圆杆轴线不垂直； ② 用圆板牙套丝时，两手用力不均匀，使圆板牙端面与圆杆轴线不垂直	① 圆杆端头要按表10-6中的步骤（1）倒角，四周斜角要大小一致； ② 套丝时，两手用力要均匀，要经常检查圆板牙端面与圆杆轴线是否垂直，并及时借正
3	螺纹中径太小（齿牙太瘦）	① 套丝时，铰杠摆动，多次借正； ② 圆板牙切入圆杆后还用力下压； ③ 活动板牙、开口后的圆板牙尺寸调节得太小	① 套丝时，铰杠要握稳； ② 圆板牙切入后，只需使圆板牙均匀旋进即可，不能再加力下压； ③ 活动板牙、开口后的圆板牙要用样柱来调整好尺寸
4	螺纹太浅	① 圆杆直径太小； ② 活动板牙、开口后的圆板牙尺寸调节得太大	① 圆杆直径要在规定的范围内； ② 活动板牙、开口后的圆板牙要用样柱来调整好尺寸

项目学习评价

一、思考练习题

（1）丝锥上都有其相应的标志，说明下述几个丝锥标志的含义。

① 机用丝锥中锥 M10-H1。

② 机用丝锥（不等径）2-M27-H1。

③ 手用丝锥中锥 M12。

④ 短柄螺母丝锥中锥 M6-H2。

（2）若要分别在钢件和铸铁件上攻 M16 的螺纹，那么钻底孔时应分别选用直径为多少的钻头？

（3）在钢件上攻 M12 的不通孔螺纹，要求螺纹有效深度为 50mm，求底孔深度为多少（$2\phi=120°$）？

（4）丝锥退出时和铰刀退出时有何区别？

（5）攻丝时常会出现什么问题？试分析其原因。

（6）套丝的注意事项有哪些？

（7）若在钢件上套 M10、M12 的螺纹，则圆杆直径应分别是多少？

二、项目评价

（1）根据表 10-8 中的项目评价内容进行自评、互评、教师评。

表 10-8　项目评价表

评价方面	项目评价内容	分值/分	自评	互评	教师评	得分/分
理论知识	① 掌握攻丝前底孔直径和不通孔深度的确定方法	10				
	② 掌握套丝前工件圆杆直径的确定方法	10				
	③ 能对攻丝质量进行分析	15				
	④ 能对套丝质量进行分析	15				
实操技能	① 攻丝的步骤和方法	18				
	② 套丝的步骤和方法	18				
安全文明生产和职业素质培养	① 学习努力	5				
	② 积极肯干	5				
	③ 按规范进行操作	4				

（2）根据表 10-9 中的评价内容进行自评、互评、教师评。

表 10-9　小组学习活动评价表

班级：_____　小组编号：_____　成绩：_____

评价项目	评价内容及分值			自评	互评	教师评
分工合作	优秀（12～15 分）	良好（9～11 分）	继续努力（9 分以下）			
	小组成员分工明确，任务分配合理，有小组分工职责明细表	小组成员分工较明确，任务分配较合理，有小组分工职责明细表	小组成员分工不明确，任务分配不合理，无小组分工职责明细表			
获取信息	优秀（12～15 分）	良好（9～11 分）	继续努力（9 分以下）			
	能使用适当的搜索引擎从网络等多种渠道获取信息，并合理地选择信息、使用信息	能从网络或其他渠道获取信息，并较合理地选择信息、使用信息	能从网络或其他渠道获取信息，但信息选择不正确，信息使用不恰当			
实操技能	优秀（16～20 分）	良好（12～15 分）	继续努力（12 分以下）			
	能按技能目标要求规范完成每项实操任务，能熟练使用攻丝与套丝工具，掌握攻丝与套丝的步骤，能准确理解攻丝与套丝的作用	能按技能目标要求规范完成每项实操任务，但不能熟练使用攻丝与套丝工具，未掌握攻丝与套丝的步骤或不能准确理解攻丝与套丝的作用	能按技能目标要求完成每项实操任务，但规范性不够；不能熟练使用攻丝与套丝工具，未掌握攻丝与套丝的步骤，不能准确理解攻丝与套丝的作用			
基本知识分析讨论	优秀（16～20 分）	良好（12～15 分）	继续努力（12 分以下）			
	讨论热烈、各抒己见，概念准确、思路清晰、理解透彻、逻辑性强，并有自己的见解	讨论没有间断、各抒己见，分析有理有据，思路基本清晰	讨论能够展开，分析有间断，思路不清晰，理解不透彻			
成果展示	优秀（24～30 分）	良好（18～23 分）	继续努力（18 分以下）			
	能很好地理解项目的任务要求，成果展示的逻辑性强，能熟练地利用信息技术（如互联网、显示屏等）进行成果展示	能较好地理解项目的任务要求，成果展示的逻辑性较强，能较熟练地利用信息技术（如互联网、显示屏等）进行成果展示	基本理解项目的任务要求，成果展示停留在书面和口头表达，不能熟练地利用信息技术（如互联网、显示屏等）进行成果展示			
总分						

项目小结

攻丝与套丝是钳工需要掌握的基本功之一。

攻丝是指用一定的扭矩将丝锥旋入工件上预钻的底孔中加工出内螺纹。

套丝是指用板牙在棒状或管状工件上切削出外螺纹。

攻丝或套丝的加工精度取决于丝锥或板牙的精度。

加工内、外螺纹的方法虽然很多，但小直径的内螺纹只能依靠丝锥加工。攻丝和套丝可用手工操作，也可采用车床、钻床、攻丝机和套丝机。

项目十一　刮削与研磨加工

教学辅助微视频

项目情境创设

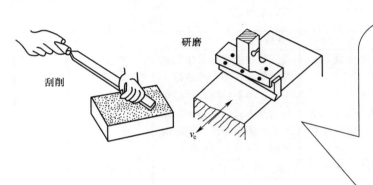

　　为什么要进行刮削和研磨加工呢？刮削是精加工的一种方法,研磨是与刮削密不可分的一道工序。经过刮削后的工件表面不仅能获得很高的形位精度、尺寸精度及较小的表面粗糙度,使工件的表面组织紧密,还能形成比较均匀的微浅坑,创造良好的存油条件,减少摩擦阻力。所以刮削常用于处理工件上互相配合的重要滑动面,如机床导轨面、滑动轴承等,并且在机械制造,工具和量具的制造、修理中占有重要地位。刮削的缺点是生产率低、劳动强度大。

项目学习目标

	学习目标	学习方式	学时
技能目标	① 了解刮削常用的工具及其使用方法; ② 了解研磨操作中常用的刮削工具、研磨剂及其使用方法; ③ 掌握正确的刮削方法; ④ 掌握正确的研磨方法	实操	6
知识目标	① 掌握刮削的基本理论知识; ② 理解研磨与刮削之间的关系; ③ 理解显示剂的作用; ④ 理解刮削的概念与原理	理论讲授	6
素养目标	① 通过网络查询各种刮削工具,了解刮削工具的使用方法,激发对刮削与研磨的兴趣; ② 通过小组讨论,提高获取信息的能力; ③ 通过相互协作,树立团队合作意识	网络查询、小组讨论、相互协作	课余时间

项目任务分析

　　本项目通过对刮削与研磨相关内容的介绍,使学生掌握刮削工具的使用方法,能根据加工对象合理选用刮削工具,能熟练使用刮刀加工工件。同学们在提高实操技能的同时,要注意刮削与研磨基本理论知识的学习,为今后的工作奠定基础。

一、项目基本技能

任务一　刮削工具的认知

1. 研具

研具是用来推磨研磨点和检查被刮表面准确性的工具，也叫作校准工具。常用的研具有标准平板、标准直尺、角度直尺及检验轴。

（1）标准平板。

在刮削较宽的平面时，标准平板是常用的校准工具，其结构形状如图 11-1 所示。它由一级铸铁制成，经过加工后再进行精刮削，从而达到较高的精度。其平面坚硬，有较高的耐磨性。标准平板的大小根据加工工件确定。

（2）标准直尺。

图 11-2（a）所示为桥式直尺，用于检查较大平面或机床导轨的平面度。图 11-2（b）所示为工字形直尺，其工作面经过精刮，用于检查较小平面或者较短导轨的平面度。

（3）角度直尺。

角度直尺用于检查燕尾导轨的角度，角度直尺的两端面经过精刮并成所需的角度（一般为 55°、60° 等），第三个面是支撑面，如图 11-2（c）所示。

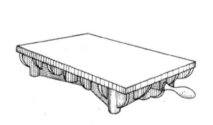

图 11-1　标准平板的结构形状

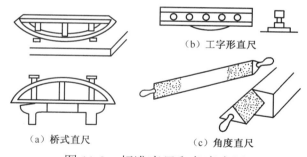

（b）工字形直尺

（a）桥式直尺　　（c）角度直尺

图 11-2　标准直尺和角度直尺

（4）检验轴。

检验轴用于检查曲面或者圆柱形内表面。刮削曲面时，往往用相配的检验轴作为校准工具。若无现成的检验轴，可自制一根与检验轴尺寸相符的标准芯棒来检验。

2. 刮刀

刮削时，由于工件的形状不同，因此要求刮刀有不同的形式。刮刀分为平面刮刀和曲面刮刀两类。

（1）平面刮刀。

平面刮刀用于刮削平面和刮花。一般多采用碳素工具钢 T12A 制成。常用的平面刮刀有直头刮刀和弯头刮刀两种，如图 11-3 所示。

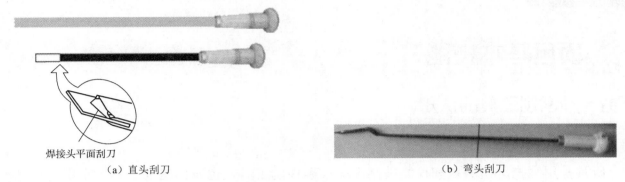

（a）直头刮刀

（b）弯头刮刀

图 11-3　平面刮刀

（2）曲面刮刀。

曲面刮刀用于刮削曲面。常用的有三角刮刀、蛇头曲面刮刀和圆头内孔刮刀，如图 11-4 所示。

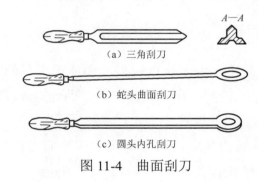

（a）三角刮刀

（b）蛇头曲面刮刀

（c）圆头内孔刮刀

图 11-4　曲面刮刀

3．显示剂

显示剂是工件和研具对研时所加的涂料。其作用是显示工件误差的位置和大小。目前，常用的显示剂主要有红丹粉和蓝油两种。

（1）红丹粉。

红丹粉分为铅丹（氧化铅，呈橘红色）和铁丹（氧化铁，呈红褐色），这两种显示剂的颗粒较细，广泛应用于钢与钢、铸铁与铸铁和钢与铸铁的研磨。加入红丹粉研磨后，出现黑点的地方是需要刮削（铲除）的地方。

（2）蓝油。

蓝油是用蓝粉、蓖麻油及适量的机油调和而成的，呈深蓝色，其显示的研磨点小而清楚，多用于精密工件或由有色金属、合金制成的工件。

任务二　研具和研磨剂的认知

1．研具的材料

在研磨加工中，研具是保证被研磨工件几何形状正确的主要因素，因此，对研具的材料、精度和表面粗糙度都有较高的要求。研具的组织结构应细密均匀，有很高的稳定性、耐磨性，并且具有较好的嵌存磨粒的性能，工作面的硬度应比工件表面的硬度稍软。

（1）灰铸铁。

它有润滑性能好、磨耗较慢、硬度适中、研磨剂在其表面容易涂抹均匀等优点，是一种研磨效果较好、价廉易得的研具材料，因此应用广泛。

（2）球墨铸铁。

它比灰铸铁更容易嵌存磨粒且嵌得更均匀，牢固程度适中，同时能增加研具的耐用度，采用球墨铸铁制作的研具已得到广泛应用，尤其在精密工件的研磨加工中。

（3）软钢。

它的韧性较好，不容易折断，常用于制作小型研具，如研磨螺纹和小直径工具、工件等。

2．研具的类型

生产中需要研磨的工件是多种多样的，不同形状的工件应用不同类型的研具。常用的研具有以下几种。

（1）通用研具。

平面研磨通常采用标准平板，其主要用来研磨平面，如块规、精密量具的平面等。它可分为光滑平板和有槽平板，如图 11-5 所示。有槽平板用于粗研，研磨时易于将工件压平，可防止将平面研磨成凸弧面；精研时，则应在光滑平板上进行。

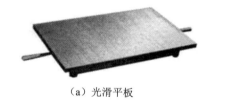

（a）光滑平板　　　　　　　　（b）有槽平板

图 11-5　标准平板

（2）辅助工具。

研磨狭窄平面时，为防止研磨平面产生倾斜或圆角，通常利用"靠块"保证研磨精度。若待研磨工件的数量较多，可采用 C 形夹头将几个工件夹在一起进行研磨，从而有效防止工件倾斜。

① 研磨环。

研磨环主要用于研磨圆柱外表面。研磨环的内径应比工件的外径大 0.025～0.05mm，其结构如图 11-6 所示。

② 研磨棒。

研磨棒主要用于圆柱孔的研磨，有固定式研磨棒（光滑研磨棒、带槽研磨棒）和可调节式研磨棒两种，如图 11-7 所示。固定式研磨棒制造容易，但磨损后无法补偿，多用于单件研磨或机修中。对于工件上某一尺寸的孔的研磨，要由 2～3 个预先制好的有粗、半精、精研磨

余量的研磨棒完成。

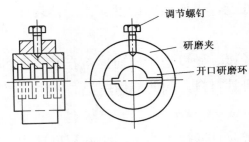

图 11-6　研磨环的结构

（a）光滑研磨棒　　　　（b）带槽研磨棒　　　　（c）可调节式研磨棒

图 11-7　研磨棒

3．研磨剂的磨粒

磨粒在研磨过程中起主要的切削作用，研磨工作的效率、工件的精度及表面粗糙度都与磨粒有着密切的关系。磨粒的种类很多，使用时应根据工件材料和加工要求合理选择。常用磨粒的名称、性质和应用范围如表 11-1 所示。

表 11-1　常用磨粒的名称、性质和应用范围

磨粒名称	性质	应用范围
棕刚玉（A）	呈棕褐色，硬度较高，韧性较高，价格相对较低	适用于磨削抗拉强度高的金属材料，如碳钢、合金钢、高碳钢、高速钢、可锻铸铁、硬青铜等
白刚玉（WA）	呈白色，硬度比棕刚玉高，韧性比棕刚玉低，易破碎，棱角锋利	适用于磨削淬火钢、合金钢、高碳钢、高速钢及加工螺纹薄壁件等
单晶刚玉（SA）	呈淡黄色或白色，单颗粒球状晶体，强度与韧性均比棕刚玉、白刚玉高，具有良好的、多棱角的切削刃，切削能力强	适用于磨削不锈钢、高钒高速钢、高速钢等具有高硬度和高韧性的材料，以及易变形、易拉伤的工件，也适用于高速磨削和低表面粗糙度磨削
微晶刚玉（MA）	呈棕黑色，由许多微小晶体组成，韧性大，硬度高，工作时呈微刃破碎，自锐性好	适用于磨削不锈钢、轴承钢、特种球墨铸铁等较难磨的材料，也适用于成形磨削、切入磨削、高速磨削及镜面磨削等精加工
铬刚玉（PA）	呈玫瑰红或紫红色，韧性高于白刚玉，效率高，加工后的表面粗糙度小	适用于磨削刀具、量具、螺纹等具有较小表面粗糙度的表面
黑刚玉（BA）	呈黑色，又名人造金刚砂，硬度低，但韧性、自锐性、亲水性好，价格低	多用于研磨抛光，并可用于制作树脂砂轮及砂布、砂纸等
黑碳化硅（C）	呈黑色，有光泽，硬度高，但性脆，导热性能好，棱角锋利，自锐性优于刚玉	适用于磨削铸铁、黄铜、铅、锌等抗张强度较低的金属材料，也适用于加工各类非金属材料，如橡胶、塑料、矿石、耐火材料及热敏性材料等，还适用于珠宝、玉器的自由磨粒的研磨等
立方碳化硅（SC）	呈黄绿色，晶体呈立方体，硬度高于黑碳化硅，脆性高于绿碳化硅，棱角锋利	适用于磨削韧而黏的材料，如不锈钢、轴承钢等，尤其适用于微型轴承沟槽的超精加工等
碳化硼（BC）	呈灰黑色，在普通磨粒中硬度最高，磨粒棱角锐利，耐磨性好	适用于硬质合金、宝石及玉石等材料的研磨与抛光

154

4．研磨液

研磨液在研磨加工中起调和磨料、冷却和润滑作用，研磨液的质量高低和选用是否正确直接关系到研磨加工的效果。常用的研磨液有煤油、汽油和机油等。此外，根据需要在研磨液中加入适量的石蜡、蜂蜡等填料和黏性较大且氧化作用较强的油酸、脂肪酸、硬脂酸等，可提高研磨效果。

二、项目基本知识

知识点一　刮削的认知

1．刮削的概念

刮削是用刮刀从工件表面刮去一层很薄的金属的方法，如图11-8所示。它用具简单，不受工件形状、位置及设备条件的限制。

图11-8　刮削

2．刮削的原理

刮削时，先在工件和研具或与其相配合的工件之间涂上一层显示剂，经过对研，使工件较高的部位显示出来，然后用刮刀进行微量的刮削，刮去较高部位的金属层。刮削的同时，刮刀对工件还有推挤和压光的作用，这样反复地进行对研、刮削，就能使工件满足预定的精度要求。

3．刮削的特点

刮削具有切削量小、切削力小、产生热量少、装夹变形小等特点，不存在机械加工过程中不可避免的振动、热变形等因素，所以能获得较高的尺寸精度、形位精度、接触精度、传动精度和较小的表面粗糙度。刮削后的工件表面形成了比较均匀的微浅凹坑，创造了良好的存油条件，改善了相对运动表面之间的润滑情况。

4．刮削余量

由于每次刮削只能刮去很薄的一层金属，刮削操作的劳动强度又很大，所以要求机械加工后留下的刮削余量不宜太大，一般为0.05～0.40mm。刮削余量如表11-2所示。

表 11-2　刮削余量
单位：mm

平面的刮削余量				
平面宽度	平面长度			
	100～500	500～1000	1000～2000	2000～4000	4000～6000
100 以下	0.10	0.15	0.20	0.25	0.30
100～500	0.15	0.20	0.25	0.30	0.40
孔的刮削余量				
孔径	孔长			
	100 以下	100～200	200～300		
80 以下	0.05	0.08	0.12		
80～180	0.10	0.15	0.25		
180～360	0.15	0.20	0.35		

知识点二　显示剂

1．显示剂的用法

刮削时，可以将显示剂涂在工件表面上，也可以涂在研具上。前者在工件表面显示的结果是红底黑点，没有闪光，容易看清楚，适合精刮时选用；后者只在工件表面的高处着色，研磨点暗淡，不容易看出，但切屑不易黏附在刀刃上，刮削方便，适合粗刮时选用。

2．显点的方法

显点的方法应根据工件形状和刮削面积的大小来选择。

（1）中小型工件的显点。

一般是标准平板固定不动，将工件被刮面在标准平板上推动并且研磨。推动研磨的压力要均匀，避免显示失真。如果工件被刮面小于标准平板面，推动研磨时最好不超出标准平板；如果工作被刮面等于或者稍大于标准平板面，应在整个标准平板上推动研磨，以防止标准平板局部磨损。

（2）大型工件的显点。

工件固定不动，将标准平板在工件的被刮面上推动并且研磨。推动研磨时，标准平板超出工件被刮面的长度应小于标准平板长度的 1/5。对于面积大、刚性差的工件，标准平板的质量要尽可能轻。

（3）曲面的显点。

刮削曲面时，一般以标准轴（也称为工艺轴）或与零件匹配的轴作为内曲面研磨点的校准工具。研磨时将显示剂涂在轴的圆柱面上，用轴在内曲面中旋转以显示研磨点。

（4）刮削精度的检查方法。

刮削的精度包括尺寸精度、形位精度、接触精度、传动精度、表面粗糙度等。最常用的刮削精度检查方法是将工件被刮面与标准工具对研后，将边长为 25mm 的正方形方框罩在被检查面上，根据方框内的研磨点来判断刮削精度。

知识点三　刮削的操作

1. 刮削前的准备

（1）工件必须放平稳，防止刮削时产生振动和滑动。工件被刮面的高度要适合操作者的身高，一般在齐腰位置为佳。刮削小型工件时要用台虎钳或者夹具夹持，但夹持不宜过紧，以防工件变形。

（2）刮削场地的光线要适当，光线太强会出现反光，不宜看清研磨点；光线太弱也看不清研磨点，要附加灯光。

（3）清洁工件表面。刮削前，必须彻底清洁工件，去掉工件上的残沙、锐边和毛刺，被刮面上的油污必须擦净。

2. 刮削方法

刮削有平面刮削和曲面刮削两种方法。

（1）平面刮削。

刮削姿势很重要，如果刮削姿势不正确，就很难发挥出力量，工作效率不高，刮削质量也不能得到保证。目前，常用的刮削姿势有两种，分别是挺刮法和手刮法。

① 挺刮法。

如图 11-9 所示，将刮刀柄放在小腹右下侧肌肉处，双手并拢握在刮刀前部距刀刃约 80mm 处（左手在前，右手在后）。刮削时，刮刀对准研磨点，左手下压，利用腿部和臀部力量使刮刀向前推动，在推动到位的瞬间，双手同时将刮刀提起，完成一次挺刮动作。采用挺刮法时，每刀的切削量都较大，适合对刮削余量大的工件进行刮削加工，工作效率较高，但腰部易疲劳。

② 手刮法。

图 11-10 所示为手刮法，右手握住刮刀柄，左手四指向下握住刮刀前部距刀刃约 50mm 处，刮刀与被刮面成 20°～30°。同时，左脚前跨一步，上身随着往前倾斜。刮削时，右手随着上身前倾使刮刀向前推动，左手下压，落刀要轻，当推动到所需要的位置时，左手迅速将刮刀提起，完成一次手刮动作。

图 11-9　挺刮法

图 11-10　手刮法

手刮法动作灵活，适应性强，适用于各种工作位置，一般对刮刀的长度要求不太严格，刮削姿势可合理掌握，但手较易疲劳，故不适用于对刮削余量较大的工件进行刮削加工。

两种方法各有其长处和短处。钳工可以根据被刮面的大小和高低情况，采用某种刮削方法或两种方法结合使用来完成刮削工作。

③ 平面刮削的过程。

平面刮削一般要经过粗刮、细刮、精刮和刮花等过程。

a．粗刮。

由于工件表面可能有显著的加工痕迹或已生锈，刮削余量较大，因此通常先进行粗刮。方法是用粗刮刀采取连续推铲的方法进行刮削，刀迹要连成长片。粗刮可以很快地去除加工痕迹、锈斑。当粗刮到每 25mm×25mm 的正方形方框内有 2～3 个研磨点时，即可转为细刮。

b．细刮。

细刮的作用是进一步改善被刮面的不平现象，用细刮刀在被刮面上刮去大块研磨点。刮削时采用短刮法（刀迹的长度约为刀刃宽度），随着研磨点的增多，刀迹逐步缩短。在刮第一遍时，需按一定方向刮削，刮第二遍时要交叉刮削，以消除原方向的刀迹，否则出现的研磨点会呈现条状。当细刮到每 25mm×25mm 的正方形方框内有 12～15 个研磨点时，细刮即可结束。

c．精刮。

在细刮的基础上，通过精刮增加接触点，使工件符合精度要求。刮削时用精刮刀采用点刮法刮削。精刮时应注意：落刀要轻，起刀要迅速提起。每个研磨点上只刮一刀，不应重复，并始终交叉进行刮削。当研磨点增多到每 25mm×25mm 的正方形方框内有 20 个以上时，可将研磨点分为 3 类分别对待。最大、最亮的研磨点全部刮去；中研磨点在其顶点刮去一小片；小研磨点留着不刮。这样连续刮几遍，待出现的研磨点数达到要求即可。

d．刮花。

刮花的目的有两个：一个是使被刮面美观；另一个是使滑动件之间具有良好的润滑条件。还可根据花纹消失多少来判断刮削的程度。在要求接触精度高、研磨点多的工件上，不应刮成大片花纹，否则不能达到所要求的刮削精度。常见的花纹如图 11-11 所示。

（a）斜花纹　　（b）鱼鳞纹　　（c）半月花纹

图 11-11　常见的花纹

（2）曲面刮削。

曲面刮削分为两种：内曲面的刮削和外曲面的刮削。

① 内曲面的刮削姿势。

a．第一种姿势如图 11-12（a）所示，右手握住刮刀柄，左手掌心向下四指横握刀身，拇指抵着刀身。刮削时左、右手同时做圆弧运动，且沿曲面使刮刀做后拉或前推运动，刀迹与曲面轴线约成 45°夹角，交叉进行，如图 11-12（b）所示。

b. 第二种姿势如图 11-12（c）所示，将刮刀柄放在右手臂上，双手握住刀身。刮削时的动作和刮刀运动轨迹与第一种姿势相同。

（a）第一种姿势　　　　　　　（b）实操图　　　　　　　（c）第二种姿势

图 11-12　内曲面的刮削姿势

② 外曲面的刮削姿势。

图 11-13 所示为外曲面的刮削姿势，两手握住平面刮刀的刀身，用右手掌握方向，左手加压或提起。刮削时刮刀面与轴承端面的倾斜角约为 30°，交叉刮削。

图 11-13　外曲面的刮削姿势

知识点四　研磨的认知

1. 研磨的概念

使用研具和研磨剂，使研具和被研磨工件之间做相对滑动，从工件表面上除去一层极薄的金属层，以提高工件的尺寸精度、形状精度、降低表面粗糙度的精加工方法称为研磨。

2. 研磨的原理及特点

（1）研磨的原理。

研磨是一种微量的金属切削运动，它包含物理作用和化学作用。

① 物理作用：磨粒（研磨剂中的微小颗粒）对工件的切削作用。研磨时，要求研具材料比工件软，这样在受到一定的压力时，磨粒被压嵌在研具表面。由于研具和工件的相对运动，半固定或浮动的磨粒在工件和研具之间做运动轨迹很少重复的滑动和滚动，因而对工件产生微量的切削作用。

② 化学作用：当研磨剂采用氧化铬、硬脂酸等化学研磨剂时，与空气接触的工件表面很快形成一层极薄的氧化膜，并且氧化膜很容易被研磨掉，这就是研磨的化学作用。

（2）研磨的特点。

① 研磨可以获得用其他方法难以达到的高尺寸精度和形状精度。

② 磨粒在工件表面不重复之前的运动轨迹，易于切削掉加工表面的凸峰，获得极小的表面粗糙度。

③ 研磨能提高工件被刮面的耐磨性、抗腐蚀能力及疲劳强度，从而延长其使用寿命。

④ 加工方法简单，不需要复杂的设备，但加工效率较低。

知识点五　研磨类型、运动轨迹和方法

1．研磨的类型

研磨一般可分为湿研、干研和半干研 3 类。

① 湿研又称敷砂研磨，把液态研磨剂连续加注或涂敷在研磨表面，磨粒在工件与研具间不断滑动和滚动，形成切削运动。

湿研一般用于粗研，所用微粉磨粒的粒度粗于 W7。

② 干研又称嵌砂研磨，把磨粒均匀压嵌在研具表面，干研时只需在研具表面涂以少量的硬脂酸、混合脂等辅助材料即可。干研常用于精研，所用微粉磨粒的粒度细于 W7。

③ 半干研类似湿研，所用研磨剂是糊状研磨膏。半干研既可手工操作，也可在研磨机上操作。工件在研磨前需先用其他加工方法获得较高的预加工精度，所留研磨余量一般为 5～30μm。

2．平面研磨的运动轨迹

平面研磨的运动轨迹如图 11-14 所示。正确处理好平面研磨的运动轨迹是提高研磨质量的重要条件。

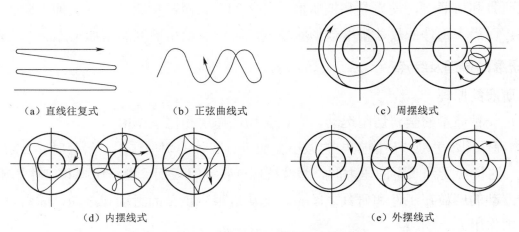

（a）直线往复式　　（b）正弦曲线式　　（c）周摆线式

（d）内摆线式　　（e）外摆线式

图 11-14　平面研磨的运动轨迹

平面研磨的要求如下。

① 工件相对研具运动，要尽量保证工件上各点的研磨行程长度相近。

② 工件的运动轨迹应均匀地遍及整个研具表面，以利于研具的均匀磨损。

③ 运动轨迹的曲率变化要小，以保证工件运动平稳。

④ 工件上任一点的运动轨迹应尽量避免过早地出现周期性重复。为了减少切削热，平面研磨一般在低压、低速条件下进行。粗研的压力不超过 0.3MPa，精研的压力一般采用 0.03～0.05MPa。粗研的速度一般为 20～120m/min，精研的速度一般为 10～30m/min。

3．平面研磨的方法

平面研磨一般在精研之后进行。手工研磨平面时，将研磨剂涂在标准平板（研具）上，手持工件做直线往复运动或"8"字形运动。研磨一定时间后，将工件调转 90°～180°，以防工件倾斜。对于工件上局部待研的小平面、方孔、窄缝等表面，也可手持研具进行研磨，如图 11-15 所示。

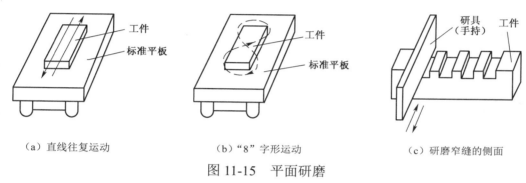

（a）直线往复运动　　　　　（b）"8"字形运动　　　　　（c）研磨窄缝的侧面

图 11-15　平面研磨

4．圆柱面的研磨

（1）外圆柱面的研磨。

外圆柱面的研磨一般在精研或精车的基础上进行。手工研磨外圆柱面可在车床上进行，在工件和研磨环之间涂上研磨剂，工件由车床主轴带动旋转，手持研具轴向往复移动，如图 11-16 所示。工件的旋转速度根据工件的直径来选择，当工件的直径小于 80mm 时，工件的旋转速度约为 100r/min；当工件的直径大于 100mm 时，工件的旋转速度约为 50r/min。

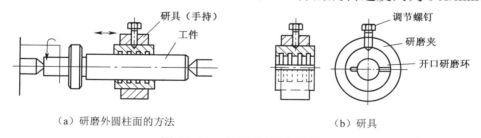

（a）研磨外圆柱面的方法　　　　　（b）研具

图 11-16　外圆柱面的研磨

（2）内圆柱面的研磨。

内圆柱面的研磨需在精研、精铰或精镗之后进行，一般为手工研磨。研具为开口锥套，套在锥度心轴上；研磨剂涂于工件与研具之间，手持工件轴向往复移动。研磨一定时间后，向锥度心轴大端方向调整锥套，使之直径胀大，以保持对工件孔壁的压力，如图 11-17 所示。

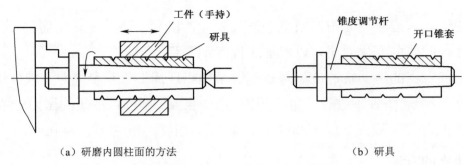

（a）研磨内圆柱面的方法　　　　　　　　（b）研具

图 11-17　内圆柱面的研磨

知识点六　研磨的注意事项

（1）在研磨工件过程中，用力要均匀，压力要适中，研磨量要均匀。

（2）研磨时应使工件保持平衡，保证能均匀地对研磨表面进行研磨加工。

（3）研磨时应注意工件的运动轨迹，保证工件运动轨迹正确。

（4）研磨时应经常注意精度的检验，避免研磨误差过大。

项目学习评价

一、思考练习题

（1）什么样的操作称为研磨？简述研磨的原理。

（2）什么是研磨剂？研磨剂由哪几部分组成？

（3）研具材料有何要求？常用的研具材料有哪几种？

二、项目评价

（1）根据表 11-3 中的项目评价内容进行自评、互评、教师评。

表 11-3　项目评价表

评价方面	项目评价内容	分值/分	自评	互评	教师评	得分/分
理论知识	① 刮削的概念和原理	10				
	② 刮削工具的认知	10				
	③ 研磨的概念和原理	10				
	④ 研具的认知	10				
实操技能	① 显示剂和研磨剂的正确选用	10				
	② 平面刮削和曲面刮削的正确方法	20				
	③ 平面研磨和圆柱面研磨的正确方法	15				
安全文明生产和职业素质培养	① 学习努力	5				
	② 积极肯干	5				
	③ 按规范进行操作	5				

（2）根据表 11-4 中的评价内容进行自评、互评、教师评。

表 11-4　小组学习活动评价表

班级：＿＿＿＿＿＿＿＿　　小组编号：＿＿＿＿＿＿＿＿　　成绩：＿＿＿＿＿

评价项目	评价内容及分值			自评	互评	教师评
分工合作	优秀（12～15分）	良好（9～11分）	继续努力（9分以下）			
	小组成员分工明确，任务分配合理，有小组分工职责明细表	小组成员分工较明确，任务分配较合理，有小组分工职责明细表	小组成员分工不明确，任务分配不合理，无小组分工职责明细表			
获取信息	优秀（12～15分）	良好（9～11分）	继续努力（9分以下）			
	能使用适当的搜索引擎从网络等多种渠道获取信息，并合理地选择信息、使用信息	能从网络或其他渠道获取信息，并较合理地选择信息、使用信息	能从网络或其他渠道获取信息，但信息选择不正确，信息使用不恰当			
实操技能	优秀（16～20分）	良好（12～15分）	继续努力（12分以下）			
	能按技能目标要求规范完成每项实操任务，能准确理解刮削与研磨的作用，能熟练使用刮削工具与研具，掌握刮削与研磨的方法	能按技能目标要求规范完成每项实操任务，但不能准确理解刮削与研磨的作用、不能熟练使用刮削工具与研具或未掌握刮削与研磨的方法	能按技能目标要求完成每项实操任务，但规范性不够；不能准确理解刮削与研磨的作用，不能熟练使用刮削工具与工具，未掌握刮削与研磨的方法			
基本知识分析讨论	优秀（16～20分）	良好（12～15分）	继续努力（12分以下）			
	讨论热烈、各抒己见，概念准确、思路清晰、理解透彻，逻辑性强，并有自己的见解	讨论没有间断、各抒己见，分析有理有据，思路基本清晰	讨论能够展开，分析有间断，思路不清晰，理解不透彻			
成果展示	优秀（24～30分）	良好（18～23分）	继续努力（18分以下）			
	能很好地理解项目的任务要求，成果展示的逻辑性强，能熟练地利用信息技术（如互联网、显示屏等）进行成果展示	能较好地理解项目的任务要求，成果展示的逻辑性较强，能较熟练地利用信息技术（如互联网、显示屏等）进行成果展示	基本理解项目的任务要求，成果展示停留在书面和口头表达，不能熟练地利用信息技术（如互联网、显示屏等）进行成果展示			
总分						

项目小结

　　刮削是用刮刀从工件表面刮去一层很薄的金属的方法。它的用具简单，不受工件形状、位置及设备条件的限制，具有切削量小、切削力小、产生热量少、装夹变形小等特点，能获得很高的尺寸精度、形位精度、接触精度、传动精度及较小的表面粗糙度。

　　刮削时先在工件和研具或与其相配合的工件之间涂上一层显示剂，经过对研，使工件较高的部位显示出来，然后用刮刀进行微量的刮削，刮去较高部位的金属层。刮削的同时，刮刀对工件还有推挤和压光的作用，这样反复地进行对研、刮削，就能使工件满足预定的精度要求。

项目十二　滚动轴承的装配与拆卸

教学辅助微视频

项目情境创设

　　坦克、减速器、汽轮机、机床等设备要想正常工作，都离不开支承件的支持。支承件主要包含轴和轴承。轴的主要功能是支承旋转零件（如凸轮、齿轮、链轮、带轮等），并传递运动和动力。轴承的主要功能是支承轴，使其旋转并保持一定的旋转精度，减少相对旋转零件之间的摩擦和磨损。按轴承与轴之间的摩擦形式不同，轴承可分为滑动轴承和滚动轴承。滚动轴承的适用范围十分广泛，具有一般转速和载荷的场合都可采用。滚动轴承有哪些种类？滚动轴承上标注的代号是什么意思？如何进行安装和拆卸？本项目重点介绍常见的滚动轴承的装配与拆卸。另外，本项目还将介绍一些机械装配的基本知识。

项目学习目标

	学习目标	学习方式	学时
技能目标	① 能正确使用滚动轴承的装配和拆卸工具； ② 能正确安装滚动轴承； ③ 能正确调整滚动轴承组件； ④ 能正确拆卸滚动轴承	现场教学，边学边练	8
知识目标	① 熟悉机械装配的基本知识； ② 了解滚动轴承的相关知识，能看懂滚动轴承的代号； ③ 能讲述滚动轴承的密封方式； ④ 能讲述滚动轴承的润滑方式	理论讲授	4
素养目标	① 通过网络查询各种滚动轴承装配和拆卸工具，了解滚动轴承装配和拆卸工具的使用方法，激发对滚动轴承的装配与拆卸的兴趣； ② 通过小组讨论，提高获取信息的能力； ③ 通过相互协作，树立团队合作意识	网络查询、小组讨论、相互协作	课余时间

本项目通过对滚动轴承相关内容的介绍，使学生掌握滚动轴承装配和拆卸工具的使用方法，能根据装配和拆卸对象合理选用滚动轴承的装配和拆卸工具，能熟练装配和拆卸滚动轴承。同学们在提高实操技能的同时，要注意基本理论知识的学习，为今后的工作奠定基础。

一、项目基本技能

任务一　滚动轴承的认知

1. 滚动轴承

滚动轴承是现代机械设备中应用广泛的部件之一，是各种机械设备的旋转轴或可动部位的支承件。滚动轴承具有摩擦阻力小、功率损耗少、启动容易等优点。

2. 滚动轴承的主要结构及作用

滚动轴承通常由外圈、内圈、滚动体、保持架 4 个主要部分组成，如图 12-1 所示。也有少数滚动轴承没有内圈、外圈或保持架。内圈用于和轴颈装配，外圈用于和轴承座或旋转零件装配。当内、外圈相对转动时，滚动体在内、外圈滚道间滚动。滚动体是保证轴承内、外圈之间具有滚动摩擦的零件，常用的滚动体如图 12-2 所示。滚动体的大小和数量直接影响滚动轴承的负荷能力和使用性能。保持架的作用是保持相邻的滚动体不发生直接接触，保证滚动轴承转动灵活。外圈、内圈、滚动体一般用轴承铬钢制造并经热处理，硬度一般不低于 60HRC，保持架常用低碳钢、铜合金、铝合金或酚醛胶布制成。

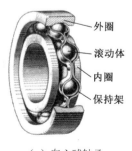

（a）向心球轴承

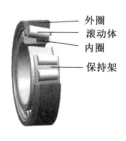

（b）圆锥滚子轴承

（c）推力球轴承

图 12-1　滚动轴承的结构

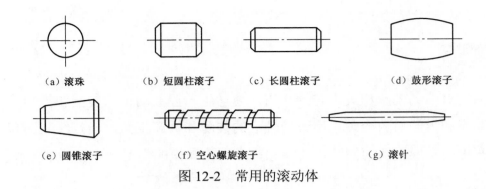

（a）滚珠　　　（b）短圆柱滚子　　　（c）长圆柱滚子　　　（d）鼓形滚子

（e）圆锥滚子　　　　（f）空心螺旋滚子　　　　（g）滚针

图 12-2　常用的滚动体

3．滚动轴承的主要类型

（1）按照滚动轴承承受外载荷的方向分类。

按照滚动轴承承受外载荷的方向不同，滚动轴承可概括地分为向心轴承［见图 12-3（a）］、向心推力轴承［见图 12-3（b）］和推力轴承［见图 12-3（c）］三大类。

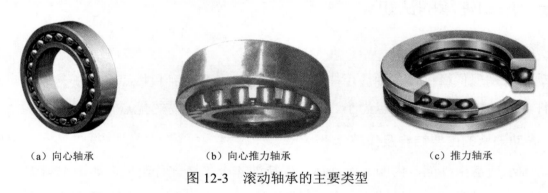

（a）向心轴承　　　　　　（b）向心推力轴承　　　　　　（c）推力轴承

图 12-3　滚动轴承的主要类型

（2）按滚动体的形状分类。

滚动体的形状影响着滚动轴承的承载能力和性能，滚动轴承按滚动体的形状不同，可分为两大类：球轴承、滚子轴承。

① 球轴承。

球轴承的滚动体是球形，它与内、外圈之间是点接触，摩擦阻力小，承载能力和承受冲击的能力较小。由于球的质量小，离心惯性力也小，因此这类滚动轴承的极限转速较高。图 12-3（a）和图 12-3（c）所示的滚动轴承均为球轴承。

② 滚子轴承。

滚子轴承的滚动体是滚子，其形状有圆柱、圆锥、鼓形等。它与内、外圈之间是线接触，摩擦阻力大，承载能力和承受冲击的能力较大。由于滚子的质量大，离心惯性力也大，因此这类滚动轴承的极限转速较低。图 12-3（b）所示的滚动轴承即为滚子轴承。

4．滚动轴承的代号

按照《滚动轴承　代号方法》（GB/T 272—2017）中规定，滚动轴承代号由前置代号、基本代号和后置代号组成。代号一般刻印在外圈端面上，排列顺序是前置代号、基本代号、后置代号。

（1）基本代号。

基本代号由类型代号、尺寸系列代号和内径代号 3 部分组成，排列顺序是类型代号、尺寸系列代号、内径代号。

① 类型代号用一位数字或字母表示，如表 12-1 所示。

表 12-1　类型代号

代号	轴承类型	代号	轴承类型
0	双列角接触球轴承	N	圆柱滚子轴承
1	调心球轴承		双列或多列用字母"NN"表示
2	调心滚子轴承和推力调心滚子轴承	NA	滚针轴承
3	圆锥滚子轴承	U	四点接触球轴承
4	双列深沟球轴承		
5	推力球轴承		
6	深沟球轴承		
7	角接触球轴承		
8	推力圆柱滚子轴承		

② 尺寸系列代号由滚动轴承的宽（高）度系列代号和直径系列代号组合而成，用两位数字表示，如表 12-2 所示。宽（高）度系列代号表示内径、外径相同，宽（高）度不同，由 8 到 6（由 7 到 2），宽（高）度依次递增，其承载能力也依次提高。直径系列代号表示内径相同，外径不同，由 7 到 5，外径依次递增，其承载能力也依次提高。

表 12-2　尺寸系列代号

直径系列代号	向心轴承								推力轴承			
	宽度系列代号								高度系列代号			
	8	0	1	2	3	4	5	6	7	9	1	2
	尺寸系列代号											
7	—	—	17	—	37	—	—	—	—	—	—	—
8	—	08	18	28	38	48	58	68	—	—	—	—
9	—	09	19	29	39	49	59	69	—	—	—	—
0	—	00	10	20	30	40	50	60	70	90	10	—
1	—	01	11	21	31	41	51	61	71	91	11	—
2	82	02	12	22	32	42	52	62	72	92	12	22
3	83	03	13	23	33	—	—	—	73	93	13	23
4	—	04	—	24	—	—	—	—	74	94	14	24
5	—	—	—	—	—	—	—	—	—	95	—	—

类型代号和尺寸系列代号组合在一起，称为组合代码。表 12-3 所示为常用的组合代号，其中括号内的代号常可省去。

③ 内径代号表示滚动轴承的内径尺寸，用两位数字表示，如表 12-4 所示。

表 12-3 常用的组合代号

类型代号	宽度系列代号	直径系列代号	组合代号	类型代号	宽度系列代号	直径系列代号	组合代号
1	（0）	2	12	6	（0）	2	62
2	2	2	222	6	（0）	3	63
3	0	2	302	6	（0）	4	64
3	0	3	303	7	（1）	0	70
5	1	2	512	7	（0）	2	72
5	1	3	513	7	（0）	3	73
5	2	2	522	N	（0）	2	N2

表 12-4 内径代号

滚动轴承的内径/mm		内径代号	示例
0.6～10（非整数）		用滚动轴承内径的毫米数直接表示，其与尺寸系列代号之间用"/"分开	深沟球轴承 618/2.5，d=2.5 mm
1～9（整数）		用滚动轴承的内径的毫米数直接表示，对于深沟球轴承及角接触球轴承直径系列 7、8、9，内径代号与尺寸系列代号之间用"/"分开	深沟球轴承 618/5，d=5 mm
10～17	10	00	深沟球轴承 6200，d=10 mm
	12	01	
	15	02	
	17	03	
20～480（22、28、32 除外）		滚动轴承内径除以 5 得的商，当商为个位数时，需在商前面加"0"，如 08	调心滚子轴承 23208，d=40 mm
≥500 及 22、28、32		用滚动轴承内径的毫米数直接表示，其与尺寸系列代号之间用"/"分开	调心滚子轴承 230/500，d=500 mm；深沟球轴承 62/22，d=22 mm

（2）前置、后置代号。

前置、后置代号是当滚动轴承的结构形状、尺寸、公差、技术要求等方面有改变时，在其基本代号前后增加的补充代号。

前置代号在基本代号的前面，用字母表示，具体内容可查阅《机械设计手册》。

后置代号在基本代号的后面，用字母或字母加数字表示，为补充说明代号。常用的后置代号如下。

① 滚动轴承的内部结构代号，如 C、AC、B，它们分别表示滚动轴承的内部接触角 α 为 15°、25°、40°。

② 滚动轴承的公差等级分为 2 级、4 级、5 级、6 级、6X 级和 0 级，共 6 个级别，级别由高到低，其代号分别为/P2、/P4、/P5、/P6、/P6X 和/P0。其中，6X 级仅适用于圆锥滚子轴承；0 级为普通级，在滚动轴承代号中不标出。

③ 轴承游隙，常用的轴承游隙是 C1、C2、C0（CN）、C3、C4、C5，它们表示的轴承游隙依次递增，即 C1 游隙<C2 游隙<C0 游隙（常规游隙）<C3 游隙<C4 游隙<C5 游隙，其中 C0 可以省略。

【例 1】解释滚动轴承代号"6204"的含义。

6——滚动轴承的类型为深沟球轴承。

（0）2——尺寸系列代号，宽度系列代号为0（可省略），直径系列代号为2。

04——内径代号，内径 d=20mm。

【例2】解释滚动轴承代号"72211AC"的含义。

7——滚动轴承的类型为角接触球轴承。

22——尺寸系列代号，宽度系列代号为2，直径系列代号为2。

11——内径代号，内径 d=55mm。

AC——内部接触角 α=25°，公差等级为0级。

5. 滚动轴承的配合与选用

滚动轴承是标准件，其内径和外径在出厂时均已确定。因此，内圈与轴颈采用基孔制配合，外圈与轴承座孔采用基轴制配合，配合的松紧程度由轴和轴承座孔的尺寸公差来保证。

选用滚动轴承时，一般要考虑载荷的大小、方向和性质，转速，调心要求，装拆方便性及经济性等。一般情况下，内圈随轴一起转动，外圈固定在轴承座中不动，所以，转动套圈要比固定套圈配合得紧一些。因此，内圈与轴颈一般选用 m5、m6、n6、p6、r6、js5 等较紧的配合；外圈与轴承座孔一般选用 J7、K7、M7、H7 等较松的配合。

轴和轴承座孔的公差等级要根据滚动轴承的精度来选，如 P4、P5 级滚动轴承选用 IT5 级轴和 IT6 级轴承座孔；P6、PN 级滚动轴承选用 IT6 级轴和 IT7 级轴承座孔。

需要注意的是，主轴轴颈和滚动轴承内、外圈之间有一定的制造误差，在装配时不可盲目安装，要先进行配选，以降低误差造成的影响，提高主轴部件的回转精度，同时要便于装配和拆卸。

任务二　常用的滚动轴承装配和拆卸工具

常用的滚动轴承装配工具有锤、铜棒、锉刀及一些辅助工具，同时要配上内径千分尺（测量滚动轴承内圈的内径和轴承座的内径）、外径千分尺（测量滚动轴承外圈的外径和轴颈的外径）。常用的滚动轴承拆卸工具有压力机（如图12-4所示的手扳压力机）、拉力器（如图12-5所示的三脚轴承拉力器）。

图12-4　手扳压力机

图12-5　三脚轴承拉力器

二、项目基本知识

知识点一　机械装配的基本知识

按照规定的技术要求，将若干零件组合成组件或将若干零件和部件组合成机械设备的工艺过程称为装配。装配是产品制造过程的最后一道工序，是对机械设计和零件加工质量的一次总检验，对产品的最终质量起着关键性作用。机械装配过程不仅对装配工人有较高的要求，还要求提前制定好装配工艺，安排好装配工艺过程。

1. 装配工艺过程

装配工艺过程一般可分为装配前的准备，装配，调整、精度检验和试运行，涂装和装箱 4 个阶段。

（1）装配前的准备。

熟悉和研究产品的装配图、工艺文件和技术要求，了解产品的结构、零件的作用及相互连接关系。

要想做好机械装配，首先要熟悉所装配的产品，对产品的结构、功能、性能等有清晰的认识。另外，还要准备好相关的技术资料，主要包括以下几类。

① 产品的装配图。

装配图是表示机器或部件（统称装配体）的工作原理、各零件间的连接关系及装配关系等内容的图样，如图 12-6 所示。它能完整地反映产品上所需的零部件、标准件的数量及相互位置关系，装配时应保证的尺寸，配合间的配合性质及精度等级，装配技术要求等。看懂产品的装配图是装配的前提。

② 零件图。

图 12-7 所示为轮毂零件图。零件图直接反映各零件的形状、尺寸、公差要求等，识读零件图便于对零件进行检验，避免将不合格的零件装配到产品上。零件图不是每件产品都必需的，可以根据装配者对产品的熟悉程度有选择地准备零件图。

③ 产品的装配顺序图。

图 12-8 所示为链轮组件的装配顺序图（其中符号所代表的含义见图 12-9）。装配顺序图可以比较清晰地反映各零部件的装配顺序，为拟定装配顺序和选择装配方法提供了依据。

④ 装配工艺系统图。

表示装配单元的划分及其装配顺序的图称为装配工艺系统图，如图 12-9 所示。装配工艺系统图是根据装配工艺绘制的。通过该图可以清楚地看出产品的装配过程，装配所需的零件名称、数量及编号，并可由此划分装配工序，起到指导和组织装配的作用。

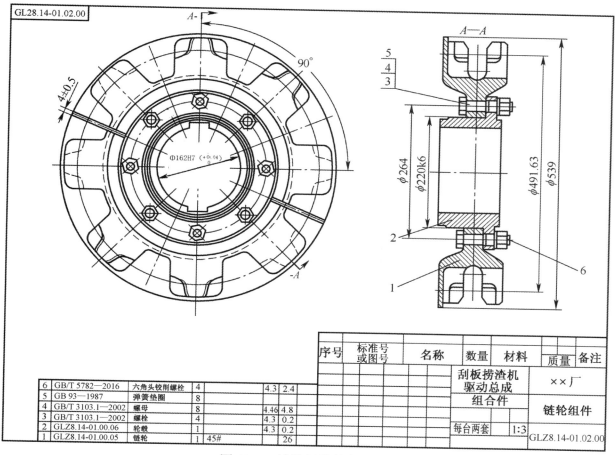

图 12-6　链轮组件的装配图

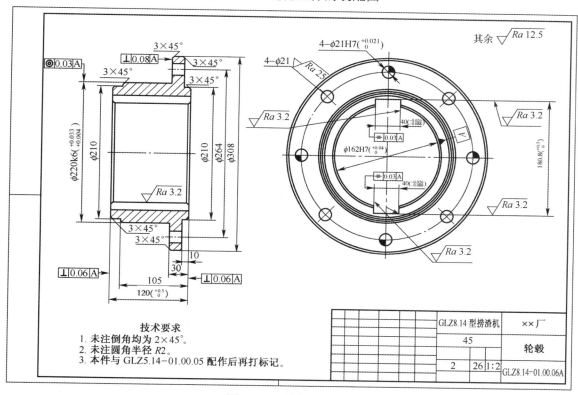

图 12-7　轮毂零件图

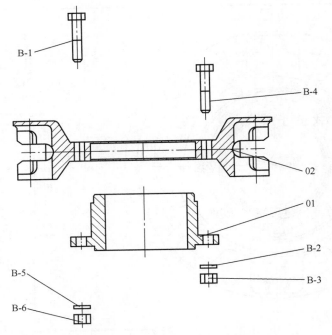

图 12-8　链轮组件的装配顺序图

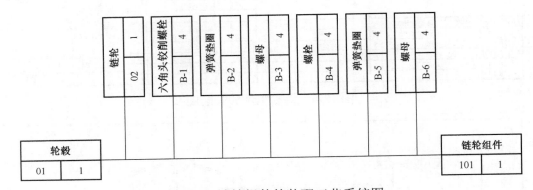

图 12-9　链轮组件的装配工艺系统图

⑤ 装配工艺卡片。

在成批生产时，通常还配有部件装配、总装配的装配工艺卡片，上面写明了工序的顺序、简要的工序内容、设备名称、工夹具名称与编号、工人技术等级、工时定额等内容。在大批量生产时，有时还配有更详细的装配工序卡，以直接指导工人进行装配。

⑥ 产品验收技术标准。

对照装配图清点零件、外购件及标准件。

整理装配场地，准备装配所需要的工具、量具和辅助用品。工具选用要合适，检查工具的性能是否良好，以保证使用安全；量具要进行检查、校准；辅助用品要事先准备好，以便使用时能及时拿到。

除此之外，还要对零件进行清理和清洗。

A．零件的清理有装配前清理、装配后清理和试运行后清理 3 种情况。

a．装配前，清理零件上残余的型砂、铁锈、切屑、研磨剂、油污等，特别是要仔细清理孔、沟槽及其他容易积存污物的部位。某些非加工表面还需在清理后进行涂装。

b．装配后，必须清理装配中因配作、钻孔、攻丝等补充加工所产生的切屑。

c．试运行后，必须清理因摩擦而产生的金属微粒和污物。

清理零件的方法较多，通常清理型砂和铁渣，可用錾子、钢丝刷等工具，清理过程中要用毛刷、皮风箱或空气压缩机把零件表面清理干净。清理铁锈、干油漆时可用刮刀、锉刀、砂布等。对于重要的配合表面，在进行清理时要避免划伤表面并注意保持其精度。

B．对零件的清洗。

a．常用的清洗剂有汽油、煤油、柴油和化学清洗剂等，不同的清洗剂适用的场合有所区别。

工业汽油主要用于清洗油脂、污垢和一般黏附的机械杂质，适用于清洗较精密的零部件；航空汽油用于清洗质量要求较高的零件。

煤油和柴油的用途与汽油相似，但清洗能力不及汽油，清洗后干燥较慢，但相对安全。

化学清洗剂又称乳化剂，对油脂、水溶性污垢具有良好的清洗能力。这种清洗剂配制简单、稳定耐用、安全环保、节约能源（以水代油），如105清洗剂、6501清洗剂，可用于冲洗钢件上以全损耗系统用油为主的油垢和机械杂质。

b．零件的清洗方法：在单件和小批量生产中，常将零件置于清洗槽内用棉纱或泡沫塑料进行手工擦洗或冲洗；在成批生产中，则采用清洗机清洗零件。清洗时，根据需要可以采用气体清洗、浸脂清洗、流涂清洗、超声波清洗等方法。

c．清洗时的注意事项如下。

对于橡胶制品，如密封圈等零件，严禁用汽油清洗，以防橡胶发胀变形，应使用其他类型的清洗剂进行清洗。

清洗零件时，可根据零件的精度不同选用棉纱或泡沫塑料擦拭。滚动轴承不能使用棉纱擦拭，以防将棉纱搅进滚动轴承内，影响滚动轴承的装配质量。

在零件清洗完成后，应等零件上的油滴干后，再进行装配，以防油污影响装配质量。同时，清洗后的零件不应放置过长时间，防止污物和灰尘再次弄脏零件。

零件的清洗工作根据需要可分为一次清洗和二次清洗。零件在一次清洗完成后，应检查配合表面有无碰伤和划伤，齿轮的齿顶部分和棱角有无毛刺，螺纹有无损坏等。对零件上存在毛刺和轻微破损的部位可用磨石、刮刀、砂布、细锉刀进行修整。零件经过检查、修整后，再进行二次清洗。

（2）装配。

在装配阶段，要拟定装配顺序，确定要采用的装配方法。

① 拟定装配顺序。

若装配工艺规程详细，则可按照装配技术资料进行装配；若装配工艺规程不详细，则装配者要拟定装配顺序。拟定装配顺序时，首先将要装配的产品划分成套件、组件、部件等装配单元。针对每一装配单元，要选定某一零件作为装配基准件。装配基准件通常应是产品的机体或主干零件，应有较大的体积、质量和足够的支承面，以满足陆续装入零部件时的作业要求和稳定性要求。例如，在实际工程中，为了便于更换链轮组件（见图 12-8），常把链轮组件做成两半的（见图 12-6），根据上述分析，本组件宜使用轮毂作为装配基准面。

综上所述，装配顺序一般为先难后易、先内后外、先下后上，预处理工序在前。

② 装配方法的选用。

根据装配精度与零件制造精度的关系，在实际生产中采用不同的装配方法。其中，装配精度完全依赖于零件制造精度的装配方法是完全互换装配法，装配精度不完全取决于零件制造精度的装配方法有选择装配法、修配装配法和调整装配法。

A．完全互换装配法。

配合件不经修配、选择或调整，装配后即可达到装配精度，这种装配方法称为完全互换装配法。此方法装配方便、生产效率高，适用于组成环（环指的是装配尺寸链组成的环，详细内容可参考有关资料）数量少、装配精度要求不高的场合或大批量生产。

B．选择装配法。

选择装配法分为直接选配法和分组选配法两种。常用的分组选配法是指将产品配合件按实测尺寸分成若干组，装配时按组进行互换装配以达到装配精度。此方法的装配精度取决于分组数，增加分组数可以提高装配精度，适用于大批量生产中装配精度要求很高的场合。

C．修配装配法。

装配时，修去指定零件上的预留修配量，以达到装配精度的装配方法称为修配装配法。此方法的装配周期长、效率低，适用于单件、小批量生产及装配精度要求高的场合。

D．调整装配法。

装配时，调整某一零件的位置或尺寸以达到装配精度的方法称为调整装配法。一般采用锥面、斜面、螺纹等移动可调整件的位置，采用垫片、垫圈、套筒等控制可调整件的尺寸。此方法维修方便、生产率低，除必须采用分组装配的精密配件外，还可用于各种装配场合。调整装配法主要有可动调整法和固定调整法两种装配方法。

a．可动调整法是指用改变零件位置来达到装配精度的方法。采用此方法可以调整由磨损、热变形、弹性变形等引起的误差。如图 12-10 所示，以套筒为可调整件，装配时使套筒沿轴向移动（调整 A_3），直至达到规定的间隙为止。

b．固定调整法是指在尺寸链中选定一个或加入一个零件作为调整环，通过改变调整环的尺寸来达到装配精度的方法。作为调整环的零件是以一定尺寸制作的一组专用零件，根据装配时的需要选用其中一种作为补偿，从而保证所需的装配精度。图 12-11 所示的固定调整法为利用垫片调整轴向配合间隙。

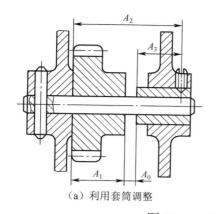 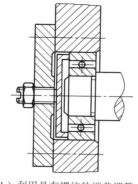

（a）利用套筒调整　　　　　　（b）利用具有螺纹的端盖调整

图 12-10　可动调整法

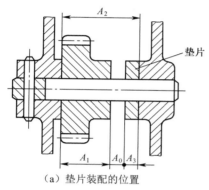 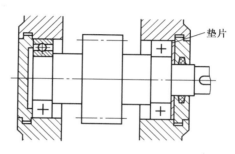

（a）垫片装配的位置　　　　　　（b）垫片装配在轴承和油封之间

图 12-11　固定调整法

③ 部件装配和总装配。

在装配准备工作完成之后，才开始进行正式装配。结构复杂的产品，其装配工作一般分为部件装配和总装配。

A. 部件装配是指产品进入总装配以前的装配工作。凡是将两个以上的零件组合在一起或将零件与几个组件结合在一起成为一个装配单元的工作，均称为部件装配。

B. 总装配是指将零件和部件组装成一台完整产品的过程。

在装配工作中需要注意的是，一定要先检查零件的尺寸是否符合图样的尺寸精度要求，只有合格的零件才能运用连接、校准、防松等技术进行装配。

（3）调整、精度检验和试运行。

① 调整是指调节零件或机构的相互位置、配合间隙、结合程度等，目的是使机构或机器工作协调，如轴承间隙、镶条位置、蜗轮轴向位置的调整。

② 精度检验包括几何精度和工作精度检验等，以保证零件满足设计要求或产品说明书中的要求。

③ 根据需要对旋转零件或部件进行平衡测试（静平衡或动平衡）及对有密封要求的零件进行密封性测试。在此不再详述。

（4）涂装和装箱。

产品装配好之后，为了使其美观，防止生锈和便于运输，还要进行喷漆、涂油和装箱等

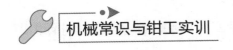

工作。

产品通常是在工厂中装配的。但在某些场合下，制造厂并不将产品进行总装配，而是为了运输方便，在制造厂内只进行部件装配，总装配则在工作现场进行，如重型机床、大型汽轮机、大型构件设备等。

2．装配的一般原则及注意事项

（1）仔细阅读装配图和装配说明书，并明确其装配技术要求。

（2）熟悉各零件在产品中的功能。

（3）如果没有装配说明书，则在装配前应当考虑好装配顺序。

（4）装配的零件和装配工具都必须在装配前认真进行清洗。

（5）必须采取适当的措施防止脏物或异物进入正在装配的产品。

（6）装配时必须使用符合要求的紧固件进行紧固。

（7）当拧紧螺栓、螺钉等紧固件时，必须根据产品装配要求使用合适的装配工具。

（8）如果零件需要安装在规定的位置上，则必须在零件上做标记，且安装时必须根据标记进行装配。

（9）装配过程中应当及时进行检查或测量，其内容包括位置是否正确、间隙是否符合要求、跳动是否符合要求、尺寸是否符合设计要求、产品的功能是否符合设计人员和客户的要求等。

（10）装配过程中应注意安全，遵守各项操作规程。尤其是由两人或多人共同完成装配任务时，应注意相互之间的配合，必要时要有人统一指挥。

（11）装配完成后要注意清理装配场地，整理工具、量具、设备、辅助用具等，做到"人走场地清"。

知识点二　常用滚动轴承的装配步骤

在装配过程中应根据滚动轴承的类型、尺寸大小和过盈量等因素确定装配步骤和装配方法。

1．滚动轴承的装配方法

滚动轴承的装配方法应根据轴承尺寸大小和过盈量来选择。一般滚动轴承的装配方法有锤击法、压入法及温差法。

（1）锤击法。

锤击法是指用手锤通过锤击加在轴承内、外圈上的衬套或铜棒等将滚动轴承装到轴上或轴承座孔中的方法，如图 12-12 所示。该法一般用于装配尺寸较小和过盈量不大的滚动轴承。

（2）压入法。

压入法是指用螺旋压力机或杠杆压力机等设备将滚动轴承装到轴上或轴承座孔中的方法，如图 12-13 所示。

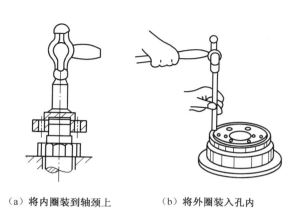

（a）将内圈装到轴颈上　　（b）将外圈装入孔内

图 12-12　锤击法

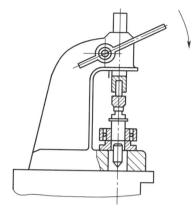

图 12-13　压入法

（3）温差法。

温差法是指利用物体受热膨胀、遇冷收缩的原理将滚动轴承装到轴上或轴承座孔中的方法，如图 12-14 所示。滚动轴承与轴装配时，可对滚动轴承进行加热，使其内圈膨胀后进行装配，也可将液态氮或干冰涂到轴颈上，使其冷却收缩后进行装配。滚动轴承与轴承座孔装配时，可将液氮或干冰涂到滚动轴承外圈上，使其冷却收缩后进行装配，也可对轴座孔进行加热，使其膨胀后进行装配。温差法常用于精密滚动轴承或过盈量较大的滚动轴承。采用温差法时，加热温度不应高于 100℃，冷却温度不应低于 -80℃。

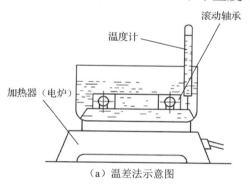

（a）温差法示意图　　　　　　　　　　（b）滚动轴承实物图

图 12-14　温差法

2. 滚动轴承的装配步骤

（1）清洗滚动轴承。

若滚动轴承是用防锈油封存的，则可用汽油或煤油清洗；若滚动轴承是用原油或防锈脂封存的，则可先用矿物油加热溶解清洗（温度不超过 100℃），再用煤油或汽油清洗；两面有防尘盖、密封圈或涂有防锈润滑两用油脂的滚动轴承无须清洗。

（2）检查、测量。

检查零件的轴颈和轴承座孔有无毛刺，若有，则用锉刀等工具清除掉，同时检查轴承座上的润滑油槽是否合格。

一般滚动轴承的内圈和轴颈为基孔制配合，外圈和轴承座孔为基轴制配合。用外径千分尺测量轴颈的外径和滚动轴承外圈的外径，用内径百分表检查滚动轴承内圈的内径和轴承座的外径，查看其是否符合图纸上的装配要求。若不符合，则应修整零件或更换滚动轴承（当滚动轴承不符合要求时）。

（3）轴承的装配。

① 向心球轴承的装配。

向心球轴承是内、外圈不可分离的滚动轴承。常用的装配方法有锤击法和压入法。如果轴颈的尺寸较大，过盈量也较大，则为了装配方便可采用温差法。

A．当滚动轴承的内圈与轴颈过盈配合、外圈与轴承座孔间隙配合时，可先将滚动轴承安装在轴颈上，然后将装好滚动轴承的轴组件与轴承座组装。将滚动轴承安装在轴颈上时，应用套筒类工具垫在滚动轴承的内圈端面上，然后用手锤锤击或用压力机压套筒，使滚动轴承装配到位，如图 12-15（a）所示。

B．当滚动轴承的内圈与轴颈间隙配合、外圈与轴承座孔过盈配合时，可先将滚动轴承安装在轴承座孔内，然后将轴装入滚动轴承的内圈。将滚动轴承装入轴承座孔内时，应用外径略小于轴承座孔直径的套筒类工具垫在滚动轴承的外圈端面上，然后用手锤锤击或用压力机压套筒，使滚动轴承装配到位，如图 12-15（b）所示。

C．当滚动轴承的内圈与轴颈、外圈与轴承座孔均过盈配合时，将能同时压滚动轴承的内、外圈端面的专用套筒压在滚动轴承的端面上，然后用手锤锤击或用压力机压套筒，使滚动轴承装配到位，如图 12-15（c）所示。

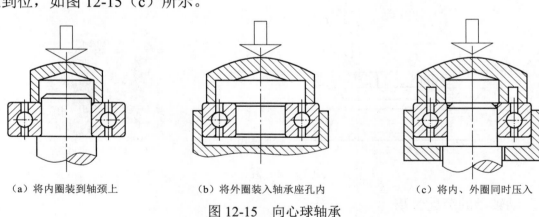

（a）将内圈装到轴颈上　　　（b）将外圈装入轴承座孔内　　　（c）将内、外圈同时压入

图 12-15　向心球轴承

② 角接触球轴承或圆锥滚子轴承的装配。

因角接触球轴承或圆锥滚子轴承的内、外圈可以分离，所以可以用锤击法、压入法或温差法将内圈装在轴颈上，用锤击法或压入法将外圈装到轴承座孔内，然后调整游隙，方法同图 12-15（a）和图 12-15（b）。

③ 推力球轴承的装配。

推力球轴承有松圈和紧圈之分，松圈的内孔比紧圈的大，故紧圈应靠在与轴相对静止的面上。如图 12-16 所示，右端的紧圈靠在轴肩端面上，左端的紧圈靠在螺母的端面上，装配时一定要注意不能装反。否则，滚动体会失去作用，还会加速配合零件间的磨损。

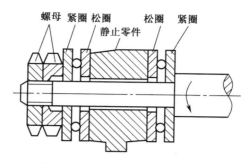

螺母　紧圈　松圈　静止零件　松圈　紧圈

图 12-16　推力球轴承的装配

（4）轴承组件的固定。

滚动轴承正常工作时，不允许有径向跳动和较大的轴向移动，但又要保证不致因受热膨胀而卡死，所以要求对滚动轴承进行合理的固定。对向心轴承及向心推力轴承而言，其径向固定是靠轴承座的内孔与滚动轴承外圈的配合来保证的，而其轴向固定要靠对滚动轴承的端面进行限位来实现。滚动轴承的轴向固定主要有以下两种基本方式。

① 两端单向固定。

轴的两个滚动轴承分别限制一个方向的轴向移动，这种固定方式称为两端单向固定，如图 12-17 所示。考虑到轴受热会伸长，对于深沟球轴承来说，可在轴承盖与外圈端面之间留出热补偿间隙 $c = 0.2 \sim 0.4 \text{mm}$。这种支承结构简单，安装及调整方便，适用于工作温度变化不大的短轴。轴承采用两个调芯滚子轴承，如果齿轮轴受向左的轴向力作用，则该力通过左端滚动轴承的轴肩内圈、滚动体、外圈、轴承盖、螺钉传给机座至地面。左端滚动轴承沿轴向是固定的。右端也是如此。

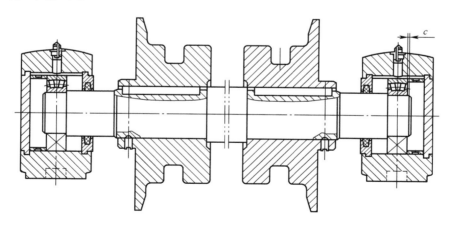

图 12-17　两端单向固定

② 一端双向固定，另一端轴向游动。

一端的滚动轴承内、外圈双向固定，另一端的滚动轴承可以轴向游动，如图 12-18 所示。双向固定端的滚动轴承可承受双向轴向载荷，游动端的滚动轴承端面与轴承盖之间留有较大的间隙，以适应轴的伸缩，这种支承结构适用于轴的温度变化大和跨距较大的场合。轴承采用两个深沟球轴承，左端滚动轴承的左方向内圈固定是锁紧螺母，外圈固定是端盖止口；左端滚动轴承右方向内圈固定是轴的台阶，外圈固定是衬套止口。右端滚动轴承可以做轴向游动，游动的间隙有一定的范围要求，以免游动影响游隙量，致使旋转不灵。可做轴向游动的滚动轴承只能使用 N6 类轴承。当齿轮轴受热膨胀时，只能使右端滚动轴承向右游动作为热膨胀补偿，因此需留有较大间隙。

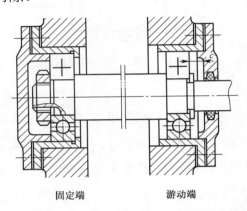

固定端　　　　　游动端

图 12-18　一端双向固定，另一端轴向游动

（5）调整滚动轴承的游隙。

滚动轴承的游隙是指在一个套圈固定的情况下，另一个套圈沿径向或轴向的最大活动量，故游隙可分为径向游隙和轴向游隙。一般机械设备中，安装滚动轴承时均有游隙，但工作游隙过大会使滚动轴承内的载荷不稳，运转时产生振动，精度和疲劳强度差，使用寿命短；工作游隙过小会使运转时温度升得过高，滚动轴承因产生"咬合"现象而损坏。滚动轴承的游隙调整方法有以下两种。

① 通过调整轴承盖与壳体端面间的垫片厚度来调整滚动轴承的轴向游隙，如图 12-19（a）所示。

② 通过螺钉调整。在图 12-19（b）所示的结构中，调整的顺序是松开螺母→调整螺钉→拧紧螺母。

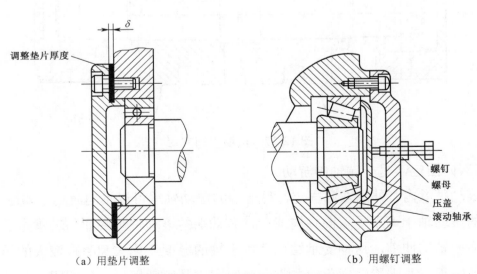

（a）用垫片调整　　　　　　　　　　（b）用螺钉调整

图 12-19　调整滚动轴承的游隙

（6）滚动轴承的润滑和密封。

① 滚动轴承的润滑。

滚动轴承润滑的目的：降低摩擦阻力、减少磨损、防锈、散热、吸振和降低接触应力等。当滚动轴承的转速较低时，可采用润滑脂润滑，其优点是便于维护和密封、不易流失、能承受较大的载荷；缺点是摩擦阻力较大、散热效果差。润滑脂的填充量一般不超过滚动轴承内孔隙的 1/2～1/3，以免润滑脂太多导致摩擦发热，影响滚动轴承正常工作。可在轴承座上安装旋盖式油杯［见图 12-20（a）］或压注式油杯［见图 12-20（b）］，在不打开轴承座的情况下给滚动轴承加注润滑脂。图 12-20（c）所示为将旋盖式油杯装在轴承座上。使用旋盖式油杯时，油杯中要灌满润滑脂，杯盖中灌 3/4 的润滑脂，然后旋到油杯上约 1/4 的量。为使所加的润滑脂能到达滚动轴承，要在轴承座盖上开油槽，在轴承挡圈或轴承端盖上开孔或者槽，从而使润滑脂通过。

（a）旋盖式油杯

（b）压注式油杯

（c）将旋盖式油杯装在轴承座上

图 12-20 油杯及与轴承座安装

当滚动轴承的转速过高时，应采用润滑油润滑，此处不再介绍。

② 滚动轴承密封。

滚动轴承密封的目的：防止灰尘、水分和杂质等进入滚动轴承，阻止润滑剂的流失。良好的密封性可保证机械设备正常工作、降低噪声、延长有关零件的使用寿命。滚动轴承的密封方式分为接触式密封和非接触式密封，其中，滚动轴承的接触式密封方式如表 12-5 所示。

表 12-5 滚动轴承的接触式密封方式

简图	名称	特点及应用
	毛毡圈式密封	将圆形毛毡圈压在梯形槽内与轴接触，适用于脂润滑、工作环境清洁、轴颈圆周速度 $v<4$～5m/s、工作温度<90℃的场合。其结构简单，制作成本低
	皮碗式密封	利用环形螺旋弹簧，将皮碗的唇部压在轴上，唇部向外可防止灰尘入内；唇部向内可防止润滑油泄漏。其适用于油润滑或脂润滑、轴颈圆周速度 $v<7$m/s、工作温度为 -40～100℃的场合。其要求成对使用

简图	名称	特点及应用
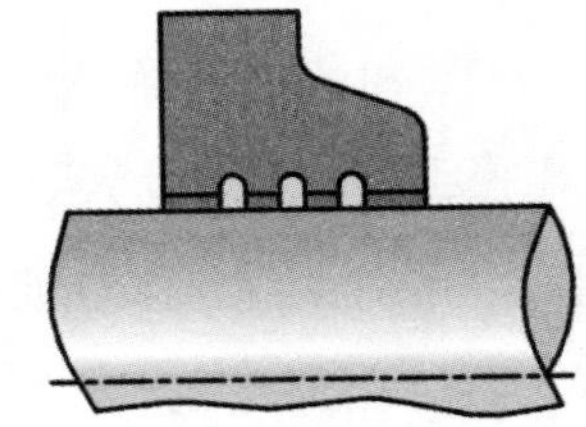	油沟式密封 	在轴与轴承盖之间留有细小的环形间隙，半径间隙为 0.1～0.3mm，中间填以润滑脂，适用于工作环境清洁、干燥的场合。其密封效果较差
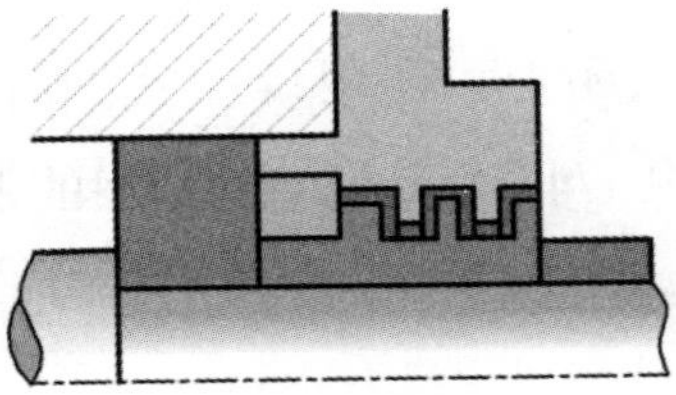	迷宫式密封  密封圈	在轴与轴承盖之间有曲折的间隙，纵向间隙为 1.5～2 mm，以防止轴受热膨胀，适用于脂润滑或油润滑、工作环境要求不高、密封可靠的场合。其结构复杂，制作成本高
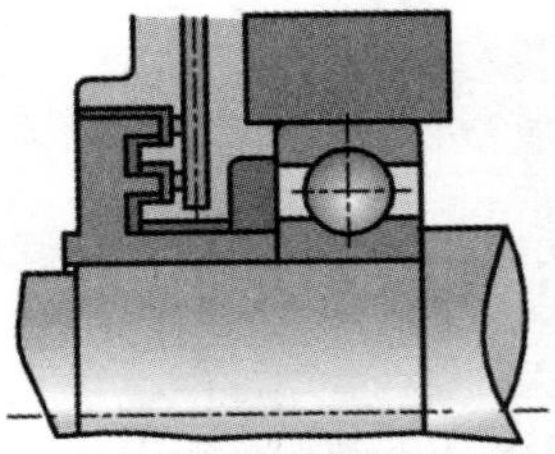	混合式密封 	混合式密封是指将两种密封方式组合使用，其经济、可靠

（7）滚动轴承的装配注意事项。

① 滚动轴承上标记代号的端面应装在可见方向，以便更换时查对。

② 将滚动轴承装在轴上或装入轴承座孔后，不允许有歪斜现象。

③ 同轴的两个滚动轴承中，必须有一个滚动轴承在轴受热膨胀时有轴向游动的空间。

④ 装配滚动轴承时，压力（或冲击力）应直接加在待配合的套圈端面上，不允许通过滚动体传递压力。

⑤ 装配过程中应保持清洁，防止异物进入滚动轴承。

⑥ 装配后的滚动轴承应运转灵活、噪声小、工作温度不超过 50℃。

知识点三　滚动轴承的拆卸要点

滚动轴承的拆卸方法与其结构有关。对于拆卸后还要重复使用的滚动轴承来说，拆卸时不能损坏滚动轴承的配合表面，不能将拆卸的作用力施加在滚动体上。图 12-21 所示为错误的滚动轴承拆卸方法。

圆柱孔轴承的拆卸可以用压力机，也可以用拉拔器。

图 12-22 所示为用压力机拆卸圆柱孔轴承；图 12-23 所示为用拉拔器拆卸圆柱孔轴承。

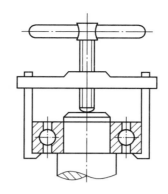

图 12-21　错误的滚动轴承拆卸方法

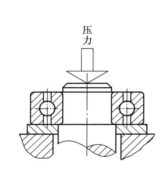

图 12-22　用压力机拆卸圆柱孔轴承

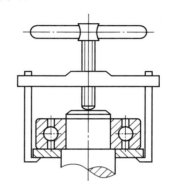

图 12-23　用拉拔器拆卸圆柱孔轴承

项目学习评价

一、思考练习题

（1）什么是装配？产品的装配工艺过程分为哪几个阶段？

（2）装配前要做哪些准备工作？

（3）机械装配要遵循哪些原则？注意哪些事项？

（4）机械装配的方法有哪些？

（5）滚动轴承通常由哪些部分组成？各起什么作用？

（6）按照滚动轴承承受外载荷的方向不同，滚动轴承可分为哪几种？滚动体的形状影响着滚动轴承的承载能力和性能，滚动轴承按滚动体的形状不同，可分为哪两大类？

（7）说明下列代号的含义。

① 6210；② 3411；③ 7315C/P5；④ N2315。

（8）常用的滚动轴承的装配方法有哪些？

（9）滚动轴承的轴向固定有哪两种基本方式？

（10）为什么要调整滚动轴承的游隙？如何调整？

（11）为什么要对滚动轴承进行润滑？如何润滑？

（12）滚动轴承的密封方式有哪些？各有什么特点？

（13）拆卸滚动轴承时，要注意哪些事项？

二、项目评价

（1）根据表 12-6 中的项目评价内容进行自评、互评、教师评。

表 12-6　项目评价表

评价方面	项目评价内容	分值/分	自评	互评	教师评	得分/分
理论知识	① 熟悉机械装配的基本知识	15				
	② 了解滚动轴承的相关知识，能看懂滚动轴承的代号	15				
	③ 能讲述滚动轴承的密封方式	5				
	④ 能讲述滚动轴承的润滑方式	5				
实操技能	① 能正确使用滚动轴承装配和拆卸工具	10				
	② 能正确安装滚动轴承	15				
	③ 能正确调整轴承组件	10				
	④ 能正确拆卸滚动轴承	10				
安全文明生产和职业素质培养	① 学习努力	5				
	② 积极肯干	5				
	③ 按规范进行操作	5				

（2）根据表 12-7 中的评价内容进行自评、互评、教师评。

表 12-7　小组学习活动评价表

班级：_____　小组编号：_____　成绩：_____

评价项目	评价内容及分值			自评	互评	教师评
分工合作	优秀（12～15 分）	良好（9～11 分）	继续努力（9 分以下）			
	小组成员分工明确，任务分配合理，有小组分工职责明细表	小组成员分工较明确，任务分配较合理，有小组分工职责明细表	小组成员分工不明确，任务分配不合理，无小组分工职责明细表			
获取信息	优秀（12～15 分）	良好（9～11 分）	继续努力（9 分以下）			
	能使用适当的搜索引擎从网络等多种渠道获取信息，并合理地选择信息、使用信息	能从网络或其他渠道获取信息，并较合理地选择信息、使用信息	能从网络或其他渠道获取信息，但信息选择不正确，信息使用不恰当			
实操技能	优秀（16～20 分）	良好（12～15 分）	继续努力（12 分以下）			
	能按技能目标要求规范完成每项实操任务，能准确理解装配和拆卸滚动轴承的过程，能熟练使用装配和拆卸工具，掌握装配和拆卸滚动轴承的操作步骤	能按技能目标要求规范完成每项实操任务，但不能准确理解装配和拆卸滚动轴承的过程、不能熟练使用装配和拆卸工具或未掌握装配和拆卸滚动轴承的操作步骤	能按技能目标要求完成每项实操任务，但规范性不够；不能准确理解装配和拆卸滚动轴承的过程，不能熟练使用装配和拆卸工具，未掌握装配和拆卸滚动轴承的操作步骤			
基本知识分析讨论	优秀（16～20 分）	良好（12～15 分）	继续努力（12 分以下）			
	讨论热烈、各抒己见，概念准确、思路清晰、理解透彻，逻辑性强，并有自己的见解	讨论没有间断、各抒己见，分析有理有据，思路基本清晰	讨论能够展开，分析有间断，思路不清晰，理解不透彻			

续表

评价项目	评价内容及分值			自评	互评	教师评
成果展示	优秀（24～30分）	良好（18～23分）	继续努力（18分以下）			
	能很好地理解项目的任务要求，成果展示的逻辑性强，能熟练地利用信息技术（如互联网、显示屏等）进行成果展示	能较好地理解项目的任务要求，成果展示的逻辑性较强，能较熟练地利用信息技术（如互联网、显示屏等）进行成果展示	基本理解项目的任务要求，成果展示停留在书面和口头表达，不能熟练地利用信息技术（如互联网、显示屏等）进行成果展示			
总分						

项目小结

　　拆卸是机械装配过程中经常遇到的一项工作。对机械设备来说，拆前检查的目的主要是通过检查机械设备静态与动态下的状况，明确机械设备的精度丧失程度和机能损坏程度。

　　（1）机械设备的精度状态是指机械设备运动部件主要几何精度的精确程度。对金属切削机床来说，它反映了设备的加工性能；对机械作业性质的设备来说，它主要反映了机件的磨损程度。

　　（2）机械设备的机能状态是指机械设备能完成各种功能动作的状态。它主要包括以下五项内容。

　　① 传动系统是否运转正常，变速功能是否正常。

　　② 操作系统的动作是否灵敏、可靠。

　　③ 润滑系统是否装置齐全、管道完整、油路畅通。

　　④ 电气系统是否运行可靠、性能灵敏。

　　⑤ 滑动部位是否运转正常，有无严重的拉伤、裂纹及损坏。

　　在检查过程中，应确定机械设备的每项机能是受到严重损坏还是受到一般损坏，机械设备是否具有主要机能，机械设备的机能能否满足生产工艺要求或是否完全、可靠，是否能达到出厂水平。检查时，必须将存在的问题及潜在的问题进行整理登记。

　　滚动轴承的拆卸要与滚动轴承的装配一样仔细。在拆卸过程中应注意不损伤滚动轴承及各零件，特别是过盈配合轴承的拆卸，操作难度大。所以，在设计阶段要事先考虑到便于拆卸这一因素。另外，根据需要设计、制作拆卸工具也十分重要。在拆卸时，根据图纸研究拆卸方法、顺序，调查滚动轴承的配合条件，以求得拆卸作业的万无一失。

　　确定装配单元与基准零件之后即可拟定装配顺序，并以装配工艺系统图的形式表示出来。

　　拟定装配顺序的原则是先下后上、先内后外、先难后易、先精密后一般。

项目十三　连接件的装配与拆卸

教学辅助微视频

项目情境创设

> 由零部件构成机械设备离不开连接。连接件是将两个或两个以上零件连成一体的组合结构。因机械设备是由零件组成的，故工业领域中广泛应用着各种连接件。那么常见的连接方式有哪些呢？如何进行连接？各种连接件在进行连接时应注意什么呢？本项目重点介绍螺纹连接、键连接和销连接。

项目学习目标

	学习目标	学习方式	学时
技能目标	① 能正确使用拆装工具； ② 能根据拆装工艺进行螺纹连接件的拆装； ③ 能根据拆装工艺进行键连接件的拆装； ④ 能根据拆装工艺进行销连接件的拆装	现场实物教学，学生边学边练	8
知识目标	① 会选择螺纹连接防松措施； ② 会拟定成组螺钉（螺母）的拧紧顺序； ③ 会根据相关手册确定螺纹连接的拧紧力矩； ④ 掌握各种连接件的拆装工艺	理论讲授	4
素养目标	① 通过网络查询了解连接件的作用，能熟练使用拆装工具，掌握连接与装配的操作步骤； ② 通过小组讨论，提高获取信息的能力； ③ 通过相互协作，树立团队合作意识	网络查询、小组讨论、相互协作	课余时间

项目任务分析

　　根据被连接件的相对位置关系不同，可将连接分为静连接和动连接。被连接件相对位置不发生变动的连接称为静连接；被连接件相对位置发生变动的连接称为动连接。

　　根据连接的可拆性不同，可将连接分为可拆连接和不可拆连接。可拆连接是指当拆开连接时，无须破坏或损伤连接中的任何零件；不可拆连接是指当拆开连接时，至少要破坏或损伤连接中的一个零件。

　　本项目通过对连接件的装配与拆卸的介绍，使学生掌握拆装工具的使用方法，能根据连接与装配对象合理选用拆装工具，能熟练进行连接件的装配与拆卸工作。同学们在提高实操技能的同时，要注意基本理论知识的学习，为今后的工作奠定基础。

项目基本功

一、项目基本技能

任务一　螺纹连接及其拆装工具的认知

1. 螺丝刀

（1）标准螺丝刀。

标准螺丝刀又称起子，用于旋紧或松开头部带槽的螺钉，如图13-1所示。它一般由柄部、刀体、刃口3部分组成。刀体及刃口部分由碳素工具钢制成，其中刃口还经过了淬火处理，柄部由木头或塑料等绝缘材料制成。

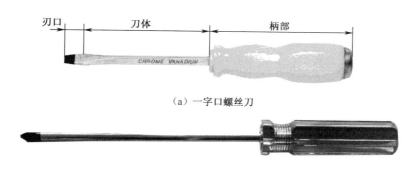

（a）一字口螺丝刀

（b）十字口螺丝刀

图13-1　标准螺丝刀

标准螺丝刀根据刃口部分的形状不同，可分为一字口螺丝刀和十字口螺丝刀两种。一字口螺丝刀如图13-1（a）所示，用于旋紧头部带有一字槽的螺钉；十字口螺丝刀如图13-1（b）所示，用于旋紧头部带有十字槽的螺钉，其优点是不易从槽中滑出。

常用标准螺丝刀的规格（以刀体部分的长度表示）有100mm、150 mm、200 mm、300 mm、400 mm等。

（2）其他螺丝刀。

图13-2所示为弯头螺丝刀，两头各有一个刃口，互相垂直，适用于螺钉头部空间受到限制的场合。

使用螺丝刀时的注意事项如下。

① 刀口的宽度和厚度必须与螺钉头部槽的宽度和厚度相符。

② 不能把螺丝刀当作撬杠或錾子使用。

③ 螺丝刀一般使用碳素工具钢制成，并经淬火处理，修磨螺丝刀时要保持其刃口的宽度和厚度，并随时浸水，以防退火。

2. 扳手

扳手用于旋进六角形、方形螺钉及各种螺母，常用碳素工具钢、合金钢或可锻铸铁制成。其开口处要求光洁、坚韧、耐磨。

（1）活扳手。

活扳手如图 13-3 所示。活扳手的钳口由固定钳口和活动钳口组成，因此，开口尺寸在一定范围内可以调节，常用的开口最大尺寸（单位：mm）有 14、19、24、30、36、46、55、65 等几种。活扳手的规格常以其长度（单位：mm）表示，有 100、150、200、250、300、375、450、600 等；有时活扳手的长度也用英寸表示，有 4″、6″、8″、10″、12″、15″、18″、24″ 等。选用活扳手时应注意钳口尺寸与螺钉或螺母尺寸相符。活扳手的效率低、精度差，易因活动钳口歪斜而损坏螺钉或螺母头部，一般在修理时使用。

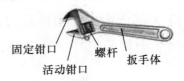

固定钳口　螺杆　扳手体
活动钳口

图 13-2　弯头螺丝刀　　　　　　　　图 13-3　活扳手

使用活扳手时应注意以下几点。

① 让固定钳口作为受力面，如图 13-4 所示，否则会损坏活扳手。

（a）正确　　　　　　　　　　　　（b）错误

图 13-4　活扳手的使用

② 活扳手的钳口应卡紧螺钉或螺母，以免损伤螺钉或螺母；使用活扳手时不能随意加长扳手体，以免因拧紧力矩过大而损坏螺母。

③ 活扳手不能当作手锤使用，以免损坏。

（2）固定扳手。

固定扳手的开口尺寸是固定的，常用于拆装方形和六角形螺钉或螺母，有呆扳手和整体扳手两类，如图 13-5 所示。

（a）呆扳手

（b）整体扳手

图 13-5　固定扳手

选用呆扳手时，其开口尺寸应与螺钉或螺母的对边间距尺寸相适应。常用的有 4″、6″、8″、10″、12″、14″，这个尺寸数字铸造在呆扳手上面。

整体扳手有正方形、正六边形、正十二边形（也叫作梅花形，对应的整体扳手称为梅花扳手）等，其中，梅花扳手的应用非常广泛，因为在拧螺钉或螺母时，仅需转过 30° 即可再次套在螺钉或螺母上，故可用于在空间小、容纳不下普通扳手的场合中拆装螺钉或螺母。

（3）套筒扳手。

套筒扳手一般由一套尺寸不等的梅花套筒组成，如图 13-6 所示。使用时，将手柄的方榫插入梅花套筒的方孔内，靠转动手柄带动梅花套筒旋转，进而旋转螺钉或螺母。套筒扳手用于普通扳手无法使用的场合，而且弓形手柄能连续旋转，有助于提高工作效率。

图 13-6　套筒扳手

（4）内六角扳手。

内六角扳手用于拆装内六角头螺钉，如图 13-7 所示。它也是成套使用的，可拆装 M4～M30 的内六角头螺钉。在一些空间狭小的场合，内六角扳手不能垂直插到螺栓的内六角槽里，此时可使用图 13-7（b）所示的头部带槽的内六角扳手，其可倾斜一定的角度，能比较方便地解决上述问题。

（a）整套内六角扳手

（b）头部带槽的内六角扳手

图 13-7　内六角扳手

（5）钳形扳手。

钳形扳手用于锁紧圆螺母，如图 13-8 所示。其中，钩头钳形扳手用于锁紧外圆柱面上有槽的圆螺母；U 形钳形扳手和冕形钳形扳手用于锁紧端面上有销孔或槽的圆螺母。

（a）钩头钳形扳手

（b）U 形钳形扳手

（c）冕形钳形扳手

图 13-8　钳形扳手

（6）管子钳。

管子钳用于拆装管子，如图 13-9 所示。

图 13-9　管子钳

（7）专用扳手。

定扭矩扳手、电动扳手、棘轮扳手等为专用扳手，如图 13-10 所示，在此不详细叙述。

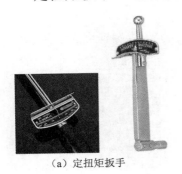　　

（a）定扭矩扳手　　　　　　　　　（b）电动扳手　　　　　　　　（c）棘轮扳手

图 13-10　专用扳手

任务二　键连接及其拆装工具的认知

键连接是通过键将轴和轴上零件（如齿轮、皮带轮、联轴器等）连接在一起，用于传递扭矩的一种连接方式。键连接通常可分为三类：松键连接、紧键连接、花键连接。

常用的键连接件的装配工具有手锤、铜棒、木锤、锉刀、刮刀（见图 13-11，用于修配键和键槽）、花键推刀（用于修花键槽）等工具。常用的键连接件的拆卸工具有平口冲子、拔轮器（也叫作拉马或拉力器，见图 13-12）、撬杠、专用工具（用于拆钩头楔键）等。

图 13-11　刮刀

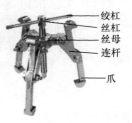

绞杠
丝杠
丝母
连杆
爪

图 13-12　拔轮器

任务三　销连接及其拆装工具的认知

1．销连接的作用

销连接是用销把零件连接在一起，使它们之间不能相互转动或移动的一种连接方式。其主要作用是定位、连接或锁定零件，有时还可以作为安全装置中的过载剪断元件，如图 13-13 所示。销的形状和尺寸已标准化，可直接按标准件选取。

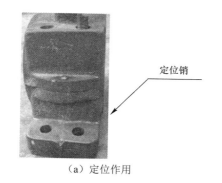
（a）定位作用

（b）连接作用

（c）保险作用

图 13-13　销连接的作用

2．销的种类

销的种类较多，有圆柱销、圆锥销、定位销、开口销、安全销等，如图 13-14 所示，其中，使用最多的是圆柱销及圆锥销。

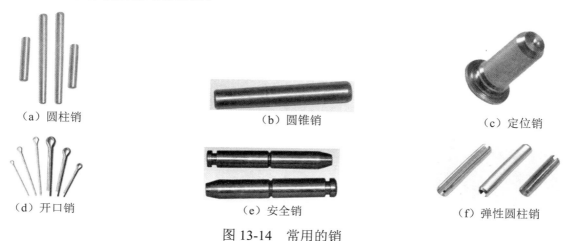

（a）圆柱销　　　　　（b）圆锥销　　　　　（c）定位销

（d）开口销　　　　　（e）安全销　　　　　（f）弹性圆柱销

图 13-14　常用的销

3．拆装工具

常用的销连接件的拆装工具有手锤、铜棒、冲子、拔销器（见图 13-15）、铰刀（修孔用）、千分尺、游标卡尺等。

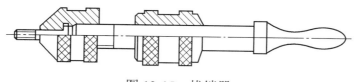

图 13-15　拔销器

二、项目基本知识

知识点一　螺纹连接件的装配与拆卸

螺纹连接是机械连接中最常见的一种连接方式，广泛应用于机械、电子、化工、建筑等行业，汽车零部件、家具、建筑构件等都需要使用螺纹连接件进行连接固定。

1. 螺纹连接件的特点

① 连接牢固：螺纹连接具有抗振动、抗松动、抗疲劳等特点，可使连接更加稳固可靠。

② 拆卸方便：对于需要频繁安装和拆卸的设备，使用螺纹连接件可以方便、快捷地进行拆卸。

③ 种类繁多：不同用途的设备需要使用不同类型的螺纹连接件，市场上螺纹连接件的种类丰富。

总之，螺纹连接件是一种重要的机械配件，具有广泛的用途和丰富的种类，是机械连接中不可或缺的一部分。

螺纹连接件的结构特点和应用如表 13-1 所示。

表 13-1　螺纹连接件的结构特点和应用

类型或项目	图示	结构特点和应用
螺栓	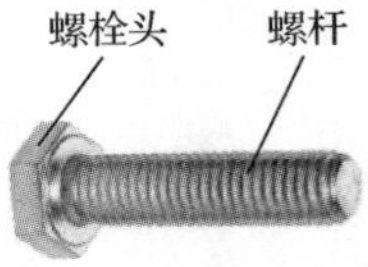 螺栓头　螺杆	螺栓具有一定的长度和可拆卸性，常用于需要拆卸的连接场合。螺栓一般由螺栓头、螺杆组成，并且加工成一个整体，头部形状有外六边形、圆形，拆卸处呈内六边形
双头螺柱	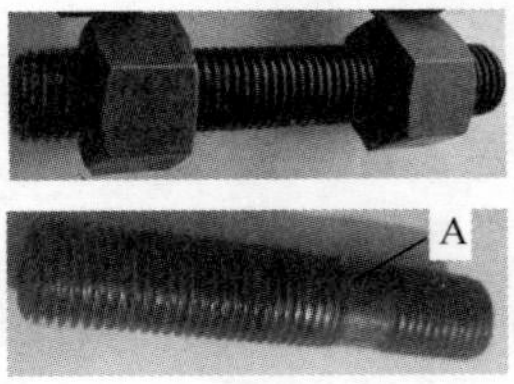 A	双头螺柱两头都有螺纹，中间的螺杆可以加工成粗的，也可以加工成细的（左图中 A 处），一般用于各种机械、桥梁、汽车、摩托车、钢结构和大型建筑等
螺栓的受力	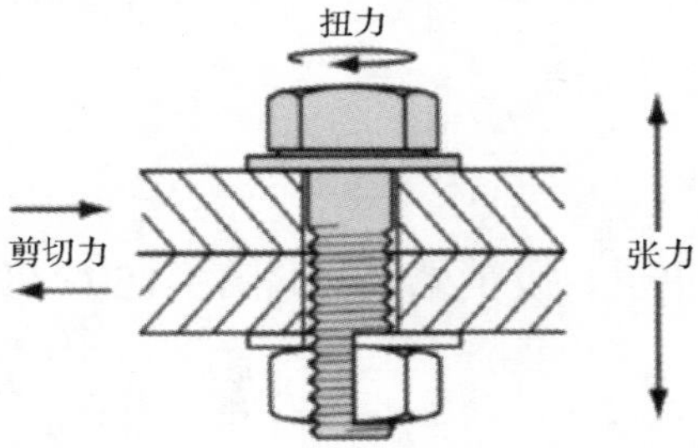 扭力　剪切力　张力	螺栓在工作中主要受到张力（轴向力）、剪切力、扭力（弯曲力）等多种作用力。 张力是指轴向力沿着螺栓轴线方向的拉伸力或压缩力。 剪切力是指作用在螺栓横截面上的力，它会导致螺栓在横向发生剪切变形。 扭力是指作用在螺栓内侧或外侧的力，它会导致螺栓在弯曲方向上发生变形，甚至使螺栓损坏
螺钉	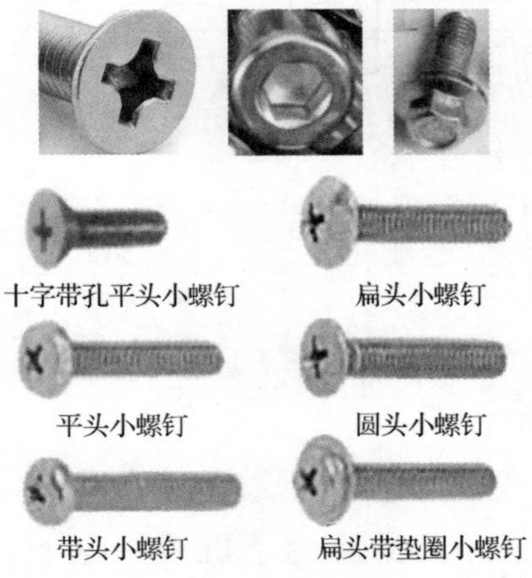 十字带孔平头小螺钉　扁头小螺钉 平头小螺钉　圆头小螺钉 带头小螺钉　扁头带垫圈小螺钉	螺钉主要用于固定和连接两个或多个零件。其直径范围为 4～20mm，通常进入被连接件的深度为 $1.5d$～$2d$（d 为螺钉直径）。在各种设备和机械中，如手机、电脑、汽车和风扇等，螺钉都扮演着不可或缺的角色。它不仅确保了各零件的紧密结合，还为设备的稳定运行奠定了基础。此外，螺钉的紧固作用也使得各种复杂的机械和建筑结构得以稳固地组合在一起。相比螺栓，螺钉通常较短，一般不可拆卸

续表

类型或项目	图示	结构特点和应用
紧定螺钉	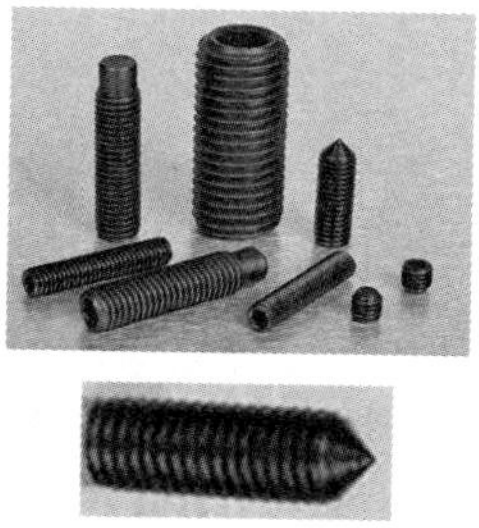	紧定螺钉也称为支头螺钉或定位螺钉，是一种专用于固定两个或多个零件之间的相对位置的螺钉。它可以通过旋转进入零件的内螺丝孔，其末端紧压在另一个零件的表面上，从而达到固定效果。这种螺钉的使用可以确保零件在受到外力作用时，仍能保持固定的相对位置，从而维持机械设备的正常运行
螺母	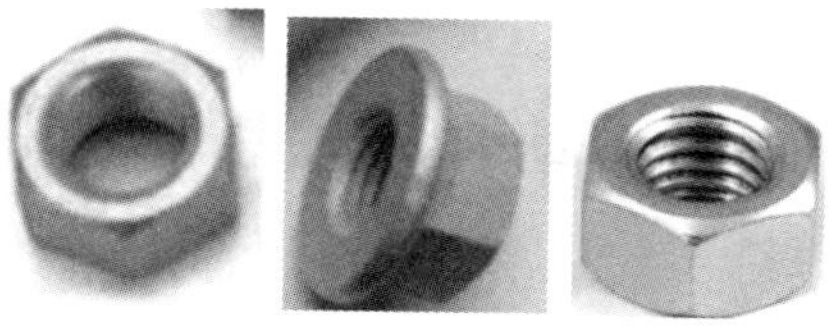	螺母常与螺栓或螺钉配合使用，用于调整连接件之间的间隙或加强固定效果
自攻螺钉	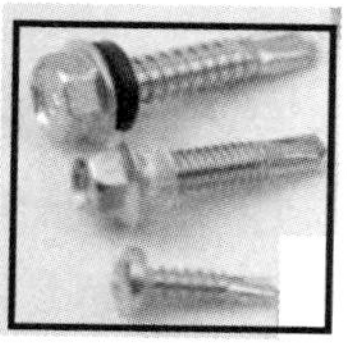 自攻固定螺钉 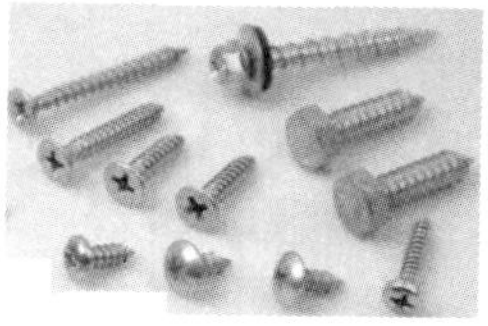 自攻标准螺钉	自攻固定螺钉适用于要求高强度连接的领域，如电机、船舶设备的组装，汽车引擎盖的固定等。 　自攻标准螺钉适用于对连接强度要求不高的场景，如家具制造、家用电器装配等。 　无论是自攻固定螺钉还是自攻标准螺钉，都是不可或缺的连接工具，各有千秋。在具体项目中，根据实际需求精心挑选合适的螺钉类型将极大地提高连接效果与工程品质
弹簧垫圈、平垫圈	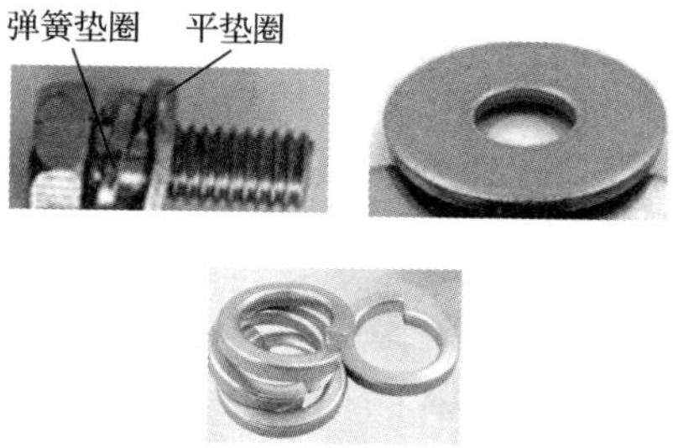 弹簧垫圈　平垫圈	弹簧垫圈可以起到防松、加大预紧力的作用，而平垫圈没有这种作用，它可以用来增大紧固接触面积，防止螺栓与零件摩擦，保护零件的表面，防止螺栓、螺母拧紧时划伤零件表面

螺纹连接件的装配步骤比较简单，下面仅就其装配要点和方法加以说明。

2. 双头螺柱的装配

（1）装配要点。

① 双头螺柱的紧固端与机体螺纹的配合应足够紧固，以保证在拆卸螺母时，双头螺柱无松动现象。一般采用带台阶的、螺纹中径有过盈量或最后几圈螺纹浅些的双头螺柱，如图 13-16 所示。因此，装配时注意区分双头螺柱的两端。

② 双头螺柱的轴心线应与机体表面保持垂直，可用直角尺进行检测，如图 13-17 所示。若双头螺柱仅有轻微偏斜，可校正双头螺柱或先用丝锥校正螺孔再装配；若双头螺柱偏斜严

重，应先拧出双头螺柱，重新钻大一级的孔并攻丝，再选用相应的双头螺柱装配。

图 13-16　双头螺柱

图 13-17　用直角尺检测双头螺柱的垂直度

③ 装入双头螺柱时需用润滑油，一是为了避免螺纹产生咬合现象，二是使装配及以后的拆卸省力。

（2）装配方法。

① 两个螺母拧紧法，如图 13-18（a）所示。

将两个螺母相互拧紧在双头螺柱上后，用活扳手扳动上面的螺母就可把双头螺柱装入螺孔，其缺点是在拆卸螺母时可能会使装好的双头螺柱松动。

② 长螺母拧紧法，如图 13-18（b）所示。

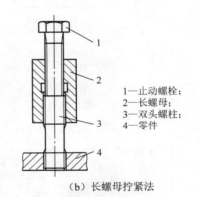

1—止动螺栓；
2—长螺母；
3—双头螺柱；
4—零件

（a）两个螺母拧紧法　　　　　　　　　　　　（b）长螺母拧紧法

图 13-18　双头螺柱的装配方法

用止动螺栓 1 阻止长螺母 2 与双头螺柱 3 之间的相对运动，用扳手扳动长螺母可将双头螺柱装入螺孔。装好后，就可松开止动螺栓，将长螺母拆卸掉。

3. 螺钉和螺母的装配

（1）装配要点。

① 螺钉或螺母与零件贴合的表面应光洁、平整，贴合处应经过加工（如刨、铣或锪等）。

② 接触表面应清洁，螺孔内的污物应清洗干净。

③ 螺纹连接应有一定的预紧力，可用扭力扳手或定力矩扳手进行装配。当螺纹连接件用于有振动、冲击、交变载荷或温度变化较大场合时，还要考虑防松措施。

（2）防松措施。

① 附加摩擦力法。

a．双螺母防松，如图 13-19（a）所示。

双螺母防松的方法使用了主、副两个螺母。先将主螺母拧紧至预定位置，再拧紧副螺母，当副螺母被拧紧后，主、副螺母之间的这段螺杆因受拉伸长，使主、副螺母分别与螺杆牙型的两个侧面接触，并产生正压力、摩擦力。当螺杆再受到来自某个方向的突加载荷时，就能始终保持足够的摩擦力，起到有效的防松作用。由于这种防松措施要用到两个螺母，增加了结构尺寸和质量，因此通常用于低速重载或较平稳的场合。

b．弹簧垫圈防松，如图 13-19（b）所示。

弹簧垫圈是用弹性较好的材料 65Mn 弹簧钢制成的，当拧紧螺母时，弹簧垫圈被压平产生弹力。同时，弹簧垫圈的斜口尖角切入螺母和支承面，从而在螺纹副的接触面上产生附加摩擦力，起到防松作用。这种防松措施的特点是构造简单、防松可靠，一般应用在不经常拆装的场合。但这种防松措施容易刮伤螺母和被连接件表面，同时容易因弹力分布不均而使螺母偏斜。

（a）双螺母防松

（b）弹簧垫圈防松

图 13-19　附加摩擦力法

② 机械法。

a．开口销与带槽螺母防松。

如图 13-20（a）所示，用开口销把带槽螺母直接锁在螺钉上。此方法结构简单、防松可靠，多用于有振动或交变载荷的场合。

b．止退垫圈防松。

图 13-20（b）所示为六角螺母、止退垫圈防松。先将止退垫圈的竖耳插入被连接件已开好的槽内，当六角螺母被拧紧后，将止退垫圈的耳部折弯贴近六角螺母。此方法防松可靠，但只能用于可容纳弯耳的场合。

图 13-20（c）所示为圆螺母、止退垫圈防松。装配时，先将止退垫圈的内翅插入螺杆槽内，等圆螺母被拧紧后，再将外翅扳入圆螺母的槽中。

c．串联金属丝防松。

图 13-20（d）所示为串联金属丝防松。对成对或成组的螺钉和螺母，可用钢丝穿过螺钉头部的径向小孔（或同时穿过螺钉和螺母的径向小孔），用钢丝钳拉紧钢丝并将其拧在一起。注意：钢丝的旋转方向应与螺纹的旋紧方向一致。

（a）开口销与带槽螺母防松

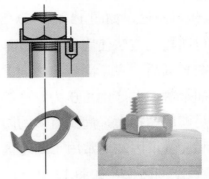

（b）六角螺母、止退垫圈防松

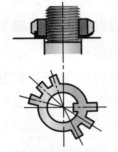

（c）圆螺母、止退垫圈防松

（d）串联金属丝防松

图 13-20　机械法

③ 破坏螺纹法。

对于很少拆卸或不拆卸的螺纹连接件，可在螺母被拧紧后，将靠近螺母顶部的螺钉的螺纹采用焊接［见图 13-21（a）］或冲点［见图 13-21（b）］法破坏掉，以防螺纹回松。

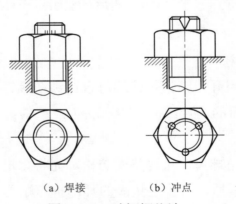

（a）焊接　　　（b）冲点

图 13-21　破坏螺纹法

螺纹连接的防松措施还有止动螺钉防松、在螺纹副间涂金属粘接胶等方法，在此不再详细叙述。

（3）螺钉（螺母）的拧紧方法。

拧紧成组螺钉（螺母）时，应先将所有螺钉（螺母）拧到靠近零件的位置，但不要加力；然后根据被连接件的形状和螺钉（螺母）分布情况按一定顺序依次拧紧螺钉（螺母），往往需要拧紧 2～3 遍，每遍拧紧至最终紧固程度的 1/3。常见的有以下几种情况。

① 长方形布置。

拧紧长方形布置的成组螺钉（螺母）时，应从中间开始，即按1、2、3……顺序拧紧，如图13-22（a）所示。

② 方形布置。

拧紧分布在四个角上的螺钉（螺母）时，应对称交叉进行，即按1、2、3、4顺序拧紧，如图13-22（b）所示。

③ 圆形布置。

拧紧圆形布置的螺钉（螺母）的方法与拧紧方形布置的螺钉（螺母）的方法一样，如图13-22（c）所示。

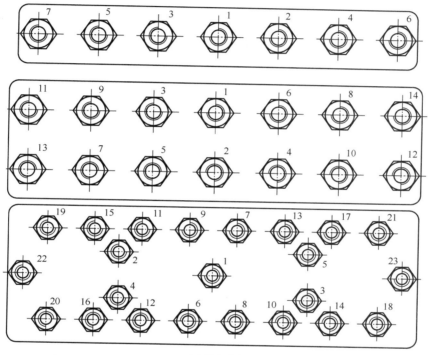

（a）长方形布置

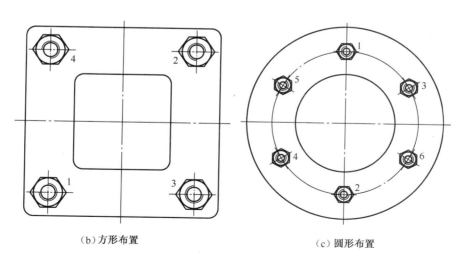

（b）方形布置　　　　　　　　　（c）圆形布置

图 13-22　拧紧成组螺钉（螺母）的方法

4．拧紧力矩的确定与控制

为达到螺纹连接可靠和紧固的目的，要求螺纹牙间有一定的摩擦力矩，所以螺纹连接装配时应保证有一定的拧紧力矩，使螺纹副产生足够的预紧力。

拧紧力矩或预紧力的大小是根据使用要求确定的。一般的螺纹连接对预紧力无严格要求，常采用普通扳手、风动扳手拧紧，操作者凭经验判断预紧力是否适当；规定了预紧力的螺纹连接常用控制转矩法、控制螺栓伸长法和控制螺母扭角法来保证预紧力准确。

① 控制转矩法是指用测力扳手使预紧力达到给定值。图 13-23 所示为指针式扭力扳手，其作用为控制拧紧力矩。在弹性扳手柄 3 的一端装有手柄 6，另一端装有带方头的柱体 2。方头上套装一个可更换的梅花套筒（用于拧紧螺钉或螺母）。柱体上还装有一个长指针 4，刻度盘 7 固定在柄座上。工作时，由于弹性扳手柄和刻度盘一起向旋转方向弯曲，因此，指针就可在刻度盘上指示出拧紧力矩的大小。

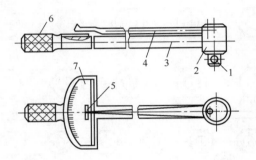

1—钢球；2—柱体；3—弹性扳手柄；4—长指针；5—指针尖；6—手柄；7—刻度盘

图 13-23　指针式扭力扳手

② 控制螺栓伸长法是一种通过控制螺栓伸长量来控制预紧力的方法。如图 13-24 所示，螺栓被拧紧前，长度为 L_1，按预紧力要求拧紧后，螺栓的长度变为 L_2。通过测量 L_1 和 L_2 便可确定拧紧力矩是否符合要求。

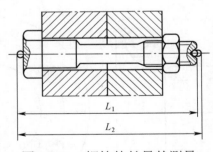

图 13-24　螺栓伸长量的测量

③ 控制螺母扭角法是通过控制螺母拧紧时应转过的角度来控制预紧力的方法。其原理和控制螺栓伸长法相同，即在将螺母拧紧消除间隙后，测得转角 ϕ_1，再拧紧一个转角 ϕ_2，通过测量 ϕ_1 和 ϕ_2 来确定预紧力。

5．螺纹连接件的拆卸要点和方法

（1）螺纹连接件的拆卸是装配的逆过程，应注意以下几点。

① 拆掉螺纹连接件上的防松装置。

② 选择合适的拆卸工具（如螺丝刀、扳手等）。

③ 对于不易拆卸的螺钉（螺母），不要强行拆卸，以免损坏螺钉（螺母），可用松动剂、煤油等浸润一段时间后再拆卸。

④ 拆卸后的螺钉（螺母）应妥善保管，若长时间不用，则要浸油防锈。

（2）螺纹连接件的拆卸方法比较简单，此处不再赘述。

知识点二　键连接件的装配与拆卸

1．松键连接

松键连接是靠键的侧面来传递扭矩的，对轴上零件只做圆周向固定，不能承受轴向力。松键连接的对中性好，常用于高速及精密的连接件中。松键连接常用的键有普通平键、导向键、半圆键，如图 13-25 所示。

（a）普通平键

（b）导向键

（c）半圆键

图 13-25　松键连接常用的键

（1）松键连接的装配要求。

松键连接要符合键与键槽的配合要求。

由于键是标准件，因此不同的配合性质要靠改变轴槽、轮毂槽的极限尺寸来获得。键与轴槽、轮毂槽的配合性质一般取决于它们在零件中的工作要求，即根据松键连接、正常连接或紧键连接来选用键宽 b 的配合公差带（见表 13-2）。

表 13-2　键宽 b 的配合公差带

键的类型	松键连接			正常连接			紧键连接		
	键	轴槽	轮毂槽	键	轴槽	轮毂槽	键	轴槽	轮毂槽
普通平键 GB/T 1096—2003 半圆键 GB/T 1099.1—2003 薄型平键 GB/T 1566—2003	h8	H9 — H9	D10 — D10	h8	N9	JS9	h8	P9	P9
配合公差带									

① 普通平键连接。图 13-26 所示为普通平键连接，轴槽与键的配合为 $\dfrac{N9}{h8}$ 或 $\dfrac{P9}{h8}$，轮毂槽与键的配合为 $\dfrac{JS9}{h8}$ 或 $\dfrac{P9}{h8}$，键在轴和轮毂上不能轴向移动，一般用于固定连接处。这种连接应用广泛，常用于精度高、传递重载荷、冲击及双向转矩较大的场合。

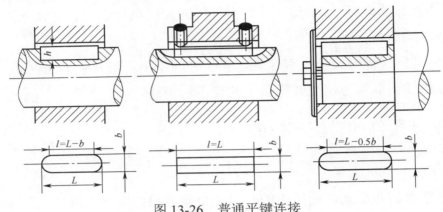

图 13-26　普通平键连接

② 导向键连接。图 13-27 所示为导向键连接，轴槽与键的配合为 $\dfrac{H9}{h8}$，并用螺钉固定在轴上，轮毂槽与键的配合为 $\dfrac{D10}{h8}$。轴上零件能做轴向移动，一般用于轴上零件的轴向移动量较小的场合，如变速箱中的滑移齿轮。

③ 滑键连接。图 13-28 所示为滑键连接。键固定在轮毂槽中（配合较紧），键与轴槽为精确间隙配合，键可随轮毂在轴槽中自由移动，多用于轴上零件的轴向移动量较大的场合。

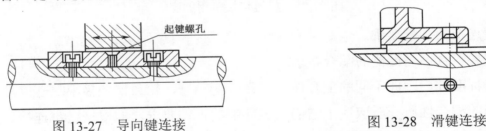

图 13-27　导向键连接　　　　　　　　　　　图 13-28　滑键连接

④ 半圆键连接。图 13-29 所示为半圆键连接。键在轴槽中绕槽底圆弧曲率中心摆动，用以少量调整位置。因轴上的键槽较深，使轴的强度降低，故一般用于轻载或轴的锥形端部。

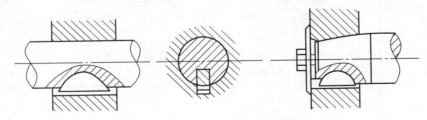

图 13-29　半圆键连接

⑤ 键与键槽应具有较小的表面粗糙度。

⑥ 将键装入键槽后，其应与键槽贴紧，键长方向与轴槽有 0.1mm 的间隙，键的顶面与

轮毂槽之间有 0.3～0.5mm 的间隙。

（2）松键连接件的装配步骤。

① 按要求选择合适的键，清理键和键槽的毛刺、锐边等，如图 13-30 所示。

② 试装。装配时，先不装入键，将轴与轴上配件试装，以检查轴和孔的配合状况，避免装配时轴与孔配合过紧，如图 13-31 所示。

③ 试配键。试配键与键槽的配合精度。注意：在试配时，只能将键的一端放入键槽，以防将键放入键槽后取不出，如图 13-32 所示。

图 13-30　清理键的毛刺、锐边

图 13-31　试装

图 13-32　试配键

④ 装键。使键的配合面沾上润滑油，将其放入轴槽里，用铜棒轻轻敲打，使键与轴槽底充分接触，如图 13-33 所示。

⑤ 安装轴上的零件（如齿轮、皮带轮、联轴器等），如图 13-34 所示。若轮毂上的键槽尺寸小，可修配键槽。

⑥ 检查安装在轴上的零件有无圆周向摆动现象，如图 13-35 所示。

图 13-33　装键

图 13-34　安装轴上的零件

图 13-35　检查

⑦ 安装轴端挡片或螺母，使轴上的零件不会轴向蹿动，如图 13-36 所示。

（3）松键连接件的拆卸步骤。

① 拆下轴端挡片或螺母，如图 13-37 所示。

② 拆卸轴上的零件。可用拔轮器或千斤顶等工具将轴上的零件拆掉，如图 13-38 所示。

图 13-36　安装轴端挡片

图 13-37　拆下轴端挡片

图 13-38　拆卸轴上的零件

③ 用拆卸工具将键拆掉。将平口冲子顶在键的一端，用手锤适当敲打，另一端可用两侧面带有斜度的平口冲子按图 13-39 所示方法取出键。

2．紧键连接

紧键连接主要指楔键连接，键的上表面和轮毂槽的底面各有 1 : 100 的斜度，它是靠键的上、下表面分别与轮毂槽和轴槽的底部形成的过盈配合来传递扭矩的。紧键连接能传递扭矩和单向轴向力。楔键有普通楔键、钩头楔键两种，如图 13-40 所示。

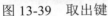

图 13-39　取出键

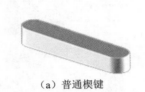

（a）普通楔键

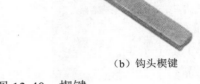

（b）钩头楔键

图 13-40　楔键

（1）紧键连接件的装配步骤。

① 按要求选择合适的楔键，用锉刀去除键槽上的锐边，以防装配时造成过大的过盈量，方法同"松键连接件的装配步骤①"。

② 将轴与轴上的零件试装，检查轴和孔的配合状况，避免装配时轴与孔配合过紧，方法同"松键连接件的装配步骤②"。

③ 根据楔键的宽度修配键槽，使楔键与键槽保持一定的配合间隙，如图 13-41 所示。

④ 将轴上零件的键槽与轴槽对齐，在楔键的斜面涂上红丹粉后稍敲入键槽内，如图 13-42 所示。

（a）修轮毂槽

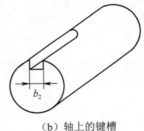

（b）轴上的键槽

图 13-41　修配键槽

图 13-42　试配键

⑤ 拆卸楔键，根据接触斑点来判断斜度配合情况，可用锉削或刮削方法进行修整，使楔键与键槽的上、下结合面紧密贴合，如图 13-43 所示。

⑥ 用煤油清洗楔键和键槽。

⑦ 将轴上零件的键槽与轴上的键槽对齐，楔键沾上润滑油后，用铜棒和手锤将其敲入键槽中，如图 13-44 所示。

图 13-43　修整键槽

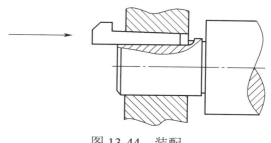

图 13-44　装配

（2）紧键连接件的拆卸步骤。

拆卸紧键连接件时应先拆卸键，再拆卸轴上零件。普通楔键和钩头楔键的拆卸方法有所不同。

拆卸普通楔键时，应从楔键小端用冲子和手锤往外打出，如图 13-45 所示。

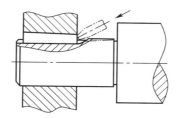

图 13-45　拆卸普通楔键

拆卸钩头楔键时，应用撬杠将其撬出或用专用工具将其向外拉出，如图 13-46 所示。

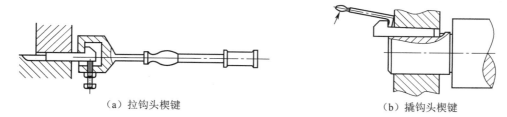

（a）拉钩头楔键　　　　　　　（b）撬钩头楔键

图 13-46　拆卸钩头楔键

知识点三　键连接件的装配与拆卸注意事项

1. 松键连接

（1）由于键是标准件，因此配合性质要靠改变轴槽、轮毂槽的极限尺寸来得到，而不是修改键的尺寸。

（2）要清理干净键及键槽上的毛刺，以免配合后产生过大的过盈量，从而破坏配合的精度。

（3）将键装入轴槽时，键应与槽底贴紧，键长方向与轴槽的间隙为 0.1mm，键的顶面与轮毂槽之间的间隙为 0.3～0.5mm。

（4）对于重要的键连接，装配前应检查键的直线度、键槽对轴心线的对称度及平行度等。

（5）平键与轴槽的配合要稍紧，平键与轮毂槽的配合以用手稍用力能将平键推过去为宜。

（6）装配完成后，轴上的零件（如齿轮、带轮等）不能在轴上左右摆动，否则容易引起冲击和振动。

2．紧键连接

（1）紧键连接易使轴上的零件与轴的配合产生偏心和歪斜，多用于对中性要求不高、转速较低的场合。

（2）钩头楔键用于不能从另一端将键打出的场合，如图 13-47 所示。

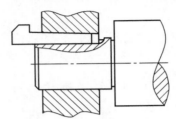

图 13-47　钩头楔键的应用场合

（3）楔键的斜度应与轮毂槽的斜度一致，否则套件会发生歪斜，同时降低连接强度。

（4）楔键的两侧面与槽之间要留有一定的间隙。

（5）对于钩头楔键，不应使钩头紧贴轴上零件的端面，必须留有一定距离，以便拆卸。

（6）装配楔键时，要用涂色法检查楔键上、下表面与轴槽或轮毂槽的接触情况，若发现接触不良，则可用锉刀、刮刀修整键槽。

知识点四　销连接件的装配与拆卸

1．销连接件的装配步骤和方法

（1）圆柱销的装配。

① 检查圆柱销是否符合装配要求。用千分尺测量圆柱销的直径，如图 13-48（a）所示；用游标卡尺测量圆柱销的长度，如图 13-48（b）所示。

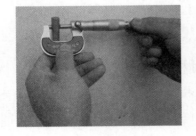

（a）测量圆柱销的直径

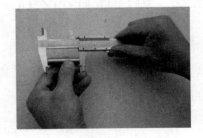

（b）测量圆柱销的长度

图 13-48　圆柱销的测量

② 用锉刀去除圆柱销倒角处的毛刺，如图 13-49 所示。

③ 找正要连接的销孔（可用直径稍小一点的圆柱销或拆下的旧销进行校正），如图 13-50 所示。

④ 在圆柱销表面涂上机油，将铜棒垫在圆柱销的端面上，用手锤将圆柱销敲入孔中，如图 13-51 所示。

图 13-49　去除圆柱销
倒角处的毛刺

图 13-50　找正要连接的销孔

图 13-51　安装圆柱销

（2）圆锥销的装配。

① 用千分尺测量圆锥销小端的直径，检查圆锥销是否符合装配要求，如图 13-52 所示。

② 用锉刀去除圆锥销上的毛刺，方法与"圆柱销的装配②"相同。

③ 用手将圆锥销推入圆锥孔中进行试装，检查圆锥孔的深度，使圆锥销插入圆锥孔内的深度占圆锥销长度的 80% 即可，如图 13-53 所示。

图 13-52　测量圆锥销小端的直径

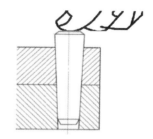

图 13-53　试装圆锥销

④ 取出并擦净圆锥销，在表面涂上机油，用手将圆锥销推入圆锥孔，用紫铜棒敲击圆锥销的端面，圆锥销的倒角部分应伸出所连接的零件平面。

2．拆卸销连接件

（1）若被连接件的销孔为通孔，则可用一个直径略小于销孔的冲子顶住销连接件的底部，用手锤敲击冲子，从而将销连接件敲出来。

（2）若被连接件的销孔为不通孔，可使用螺钉［端部带内螺纹的销连接件，见图 13-54（a）］或螺母［端部带外螺纹的销连接件，见图 13-54（b）］等专用拆卸工具，也可利用拔销器将销连接件拔出来，如图 13-54（c）所示。

3．销连接的注意事项

（1）在加工销连接件的销孔时，先将两个连接件经过精确调整叠合在一起装夹，然后在钻床上钻孔，如图 13-55（a）所示，再用铰刀将销孔铰至符合要求［见图 13-55（b）］，铰销孔时注意添加切削液，销孔的表面粗糙度 Ra 一般应达到 $0.8\sim1.6\mu m$。

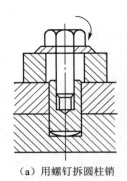 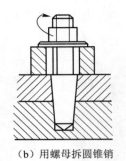 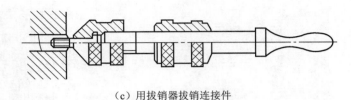

（a）用螺钉拆圆柱销　　（b）用螺母拆圆锥销　　（c）用拔销器拔销连接件

图 13-54　拆卸销连接件

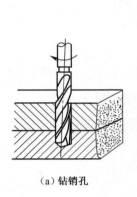 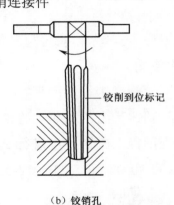

铰削到位标记

（a）钻销孔　　　　　　（b）铰销孔

图 13-55　加工销孔

（2）圆柱销一般依靠过盈配合固定在销孔中，因此，对销孔的尺寸精度、形状精度和表面粗糙度要求较高。被连接件的两孔应同时钻、铰，它们的表面粗糙度应达到 $0.4\sim1\mu m$。装配时，圆柱销的表面可涂上机油，用铜棒轻轻敲入。对于装配精度要求高的定位销，应用 C 形夹头把圆柱销压入销孔中，如图 13-56 所示。

注意：圆柱销不宜多次拆装，否则会降低定位精度或连接的可靠性。

（3）钻、铰圆锥销的销孔时，按圆锥销小端的直径选用钻头（圆锥销的规格用小端的直径和长度表示），采用相应锥度的铰刀。铰销孔时用试装法控制孔径，以圆锥销能自由插入 80%～85% 为宜。用手锤敲入圆锥销后，圆锥销的大端可稍露出或与被连接件的表面平齐，如图 13-57 所示。

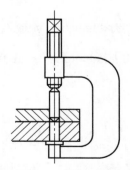 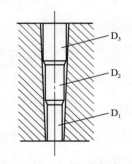

D_3
D_2
D_1

图 13-56　用 C 形夹头把圆柱销压入销孔中　　　　图 13-57　钻削圆锥孔

特别提示：如果圆锥孔较深，为减少铰削余量，可钻成阶梯形孔。钻孔时应注意，首先选用直径与圆锥销小端直径相同的钻头（D_1），钻好后，根据圆锥孔的深度选择钻头 D_2 和 D_3 的直径，加工阶梯形孔，最后用铰刀（铰削量小一些）铰孔。

项目学习评价

一、思考练习题

（1）螺纹连接件的常用拆装工具有哪些？各应用于什么场合？如何表示其规格？

（2）螺纹连接件有哪几种主要类型？各应用于什么场合？

（3）螺纹连接为什么要考虑防松措施？常用的防松措施有哪些？

（4）双头螺柱的装配要点有哪些？拧紧双头螺柱有哪几种方法？

（5）平键连接分哪几种类型？它们各有什么特点？适用于什么场合？

（6）键连接中哪些键是靠键的侧面来工作的？哪些键是靠键的上、下表面来工作的？这两类键对被连接件的对中性有何影响？

（7）简述松键连接和紧键连接的装配要点。

（8）销连接的作用有哪些？为什么钻、铰销孔要一起进行？

（9）简述销连接件的拆装步骤和方法。

二、项目评价

（1）根据表 13-3 中的项目评价内容进行自评、互评、教师评。

表 13-3　项目评价表

评价方面	项目评价内容	分值/分	自评	互评	教师评	得分/分
理论知识	① 会正确选择螺纹连接的防松措施	10				
	② 会拟定成组螺钉（螺母）的拧紧顺序	10				
	③ 会根据相关手册确定螺纹连接的拧紧力矩	10				
	④ 会选择各种连接件的拆装工艺	10				
实操技能	① 能正确使用拆装工具	15				
	② 能根据拆装工艺进行螺纹连接件的拆装	10				
	③ 能根据拆装工艺进行键连接件的拆装	10				
	④ 能根据拆装工艺进行销连接件的拆装	10				
安全文明生产和职业素质培养	① 学习努力	5				
	② 积极肯干	5				
	③ 按规范进行操作	5				

（2）根据表 13-4 中的评价内容进行自评、互评、教师评。

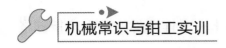 机械常识与钳工实训

表 13-4　小组学习活动评价表

班级：_____　小组编号：_____　成绩：_____

评价项目	评价内容及分值			自评	互评	教师评
分工合作	优秀（12～15 分）	良好（9～11 分）	继续努力（9 分以下）			
	小组成员分工明确，任务分配合理，有小组分工职责明细表	小组成员分工较明确，任务分配较合理，有小组分工职责明细表	小组成员分工不明确，任务分配不合理，无小组分工职责明细表			
获取信息	优秀（12～15 分）	良好（9～11 分）	继续努力（9 分以下）			
	能使用适当的搜索引擎从网络等多种渠道获取信息，并合理地选择信息、使用信息	能从网络或其他渠道获取信息，并较合理地选择信息、使用信息	能从网络或其他渠道获取信息，但信息选择不正确，信息使用不恰当			
实操技能	优秀（16～20 分）	良好（12～15 分）	继续努力（12 分以下）			
	能按技能目标要求规范完成每项实操任务，能准确理解连接件的装配与拆卸过程，能熟练使用连接件的装配与拆卸工具，掌握连接件装配与拆卸的操作步骤	能按技能目标要求规范完成每项实操任务，但不能准确理解连接件的装配与拆卸过程、不能熟练使用连接件的装配与拆卸工具或未掌握连接件装配与拆卸的操作步骤	能按技能目标要求完成每项实操任务，但规范性不够。不能准确理解连接件的装配与拆卸过程，不能熟练使用连接件的装配与拆卸工具，未掌握连接件装配与拆卸的操作步骤			
基本知识分析讨论	优秀（16～20 分）	良好（12～15 分）	继续努力（12 分以下）			
	讨论热烈、各抒己见，概念准确、思路清晰、理解透彻，逻辑性强，并有自己的见解	讨论没有间断、各抒己见，分析有理有据，思路基本清晰	讨论能够展开，分析有间断，思路不清晰，理解不透彻			
成果展示	优秀（24～30 分）	良好（18～23 分）	继续努力（18 分以下）			
	能很好地理解项目的任务要求，成果展示的逻辑性强，能熟练地利用信息技术（如互联网、显示屏等）进行成果展示	能较好地理解项目的任务要求，成果展示的逻辑性较强，能较熟练地利用信息技术（如互联网、显示屏等）进行成果展示	基本理解项目的任务要求，成果展示停留在书面和口头表达，不能熟练地利用信息技术（如互联网、显示屏等）进行成果展示			
总分						

▶ 项目小结

　　装配是将零件按规定的技术要求组装起来，并经过调试、检验使之成为合格产品的过程，也可以将其定义为按规定的技术要求将零件进行组配和连接，使之成为半成品或成品的工艺过程。

　　装配工艺规程是规定产品或部件装配工艺和操作方法等的工艺文件，是制订装配计划、做好技术准备、指导装配工作和处理装配问题的重要依据。它对保证装配质量、提高装配生产效率、降低成本和减轻工人的劳动强度等都有积极作用。

（1）制定装配工艺的基本原则及原始资料。

合理安排装配顺序、尽量减少钳工的装配工作量、缩短装配线的装配周期、提高装配效率、保证装配线的产品质量这一系列要求是制定装配工艺的基本原则。制定装配工艺的原始资料是产品的验收技术标准、产品的生产纲领、现有生产条件。

（2）装配工艺规程的内容。

分析装配产品的总装配图，划分装配单元，确定各零件的装配顺序及装配方法；确定装配线上各工序的装配技术要求、检验方法和检验工具；选择和设计装配过程中所需的工具、夹具和专用设备；确定装配时零件的运输方法及运输工具；确定装配的时间定额。

（3）制定装配工艺规程的步骤。

分析产品原始资料→确定装配方法、组织形式→划分装配单元→确定装配顺序→划分装配工序→编制装配工艺文件→制定产品检测与试验规范。

连接是指用螺钉、螺栓和铆钉等紧固件将两种分离型材或零件连接成一个复杂零件或部件的过程。常用的机械紧固件主要有螺栓、螺钉和铆钉。

螺纹连接是一种广泛使用的可拆卸的固定连接，具有结构简单、连接可靠、拆装方便等优点。

销的作用：销一般是连接件，也可以用作定位销。

连接有刚性连接和弹性连接之分。刚性连接指连上后，零件不能动；弹性连接指连上后，零件能在一定范围内相对运动。在使用定位销时要注意精度的匹配问题。

键是置于轴和轴上零件的槽或座中，使二者径向固定以传递转矩的连接件。有些键还可实现轴上零件的轴向固定或轴向移动，如减速器中齿轮与轴的连接。

反侵权盗版声明

　　电子工业出版社依法对本作品享有专有出版权。任何未经权利人书面许可，复制、销售或通过信息网络传播本作品的行为；歪曲、篡改、剽窃本作品的行为，均违反《中华人民共和国著作权法》，其行为人应承担相应的民事责任和行政责任，构成犯罪的，将被依法追究刑事责任。

　　为了维护市场秩序，保护权利人的合法权益，我社将依法查处和打击侵权盗版的单位和个人。欢迎社会各界人士积极举报侵权盗版行为，本社将奖励举报有功人员，并保证举报人的信息不被泄露。

举报电话：（010）88254396；（010）88258888

传　　真：（010）88254397

E-mail: dbqq@phei.com.cn

通信地址：北京市万寿路173信箱

　　　　　电子工业出版社总编办公室

邮　　编：100036